EXAMPRESS®
電気工事士試験学習書

電気
教科書

JN082239

第二種

工事士 電気

早川義晴・鬼島信治 [著]

第2版

筆記試験の
要点整理

出るとこだけ！

SE
SHOEISHA

はじめに

　本書は，「第二種電気工事士 筆記試験」に効率よく合格するための対策書です。試験によく出る重要なポイントばかりを集めた内容，かつ持ち運びが可能なコンパクトサイズなので，試験の直前対策に，休み時間や通勤・通学などの空き時間を利用した学習用に，ぜひ御利用ください。

　初学者の方は，本書の姉妹書『電気教科書 第二種電気工事士［筆記試験］はじめての人でも受かる！テキスト＆問題集』を併用すると，学習の効果が出やすいでしょう。

　本書は，下記に留意しながら執筆しました。

・試験の出題範囲を7つの章に分け，学習しやすい順に配置しています。
・過去問題を詳細に分析した上で，試験に出題される事柄を86項目にまとめています。項目ごとに必要な内容をやさしく説明し，要点だけを把握すればよいように構成しています。
・配線器具や電気工事用材料，工具，測定器などを，わかりやすいよう，実際の試験問題と同様にカラー写真で掲載しています。また，配線図や複線図もカラーページで，わかりやすく簡潔に解説しています。

　このため，本書を利用すると，無駄の無い効率的な学習ができます。

　本書では項目ごとに1問ずつ，よく出題される問題を例題として掲載していますが，より多くの過去問題を解いてみたい方は，上記の姉妹書を利用されるとよいでしょう。

　本書の活用により，より多くの方々が合格されることを祈念します。

早川義晴

第二種電気工事士　試験ガイド ⚡

　第二種電気工事士は，電気工事技術者にとって必須の国家資格です。電気工事の仕事は，電気の技術と技能を身につけた有資格者のみが行うように規制しており，電気工事の施工不良による災害が起きないように，安全性を確保しています。

　免状を取得すると，一般用電気工作物（住宅，店舗，小規模ビルなどの電気設備）の電気工事ができます。また，講習を終了するか，3年の実務経験を経て認定電気工事従事者の資格を取得すれば，自家用設備（高圧で受電する設備）の高圧部分を除く電気工事ができます。さらに，最大電力100〔kW〕未満のビルや工場などの許可主任技術者として活躍することもできます。

　第二種電気工事士試験は，筆記試験と技能試験があります。「上期試験」と「下期試験」が実施され，いずれかを選ぶことができ，また両方を受験することもできます。

　令和5年からは，CBT試験（コンピュータ上で解答する形式の試験）も行われる予定です。

　なお，ここに掲載する内容は本書刊行時点のものです。試験の最新情報につきましては，試験センターのホームページなどで必ず確認してください。

⚡ 1. 試験の実施について

・**受験案内，申込書の配布時期**
　受験案内・申込書は，各申込受付開始の約1週間前から配布されます。
・**受験申込期間**
　上期試験：3月中旬〜4月上旬　　下期試験：8月中旬〜9月はじめ
・**申込方法**
　郵便による申込み，及びインターネットによる申込み。
・**試験実施日**
　上期筆記試験は5月末〜6月はじめの，下期筆記試験は10月下旬の日曜日です。
　上期技能試験は7月中旬の，下期技能試験は12月中旬の土曜日，日曜日です（受験地により異なります）。
・**受験手数料**
　郵便による申込み：9,600円　　インターネットによる申込み：9,300円

⚡ 2. 受験資格

　受験資格に制限はありませんので，だれでも受験できます。

⚡3. 筆記試験

- 筆記試験の免除制度について

以下に該当する方は，申請により筆記試験が免除されます。

① 前回（前年度）の筆記試験に合格した方

② 高校以上の学校において，電気工事士法で定める課程を修めて卒業した方

③ 電気主任技術者免状取得者

- 試験時間：2 時間　　　・合格ライン：60 点（年度によって多少異なります）
- 出題形式：四肢択一　　・解答方式：マークシート
- 出題範囲と出題数

	出題テーマ	出題数
一般問題	(1) 電気に関する基礎理論	4～5
	(2) 配電理論及び配線設計	4～5
	(3) 電気機器・配線器具並びに電気工事用の材料及び工具	7～8
	(4) 電気工事の施工方法	5～6
	(5) 一般用電気工作物の検査方法	3～4
	(6) 一般用電気工作物の保安に関する法令	3～4
	小計	30 問
配線図	(7) 配線図（図記号，他）	10
	(8) 配線器具，工事材料，工具，測定器などの選別	10
	小計	20 問
	合計	50 問

⚡4. 技能試験

持参した作業用工具により，配線図で与えられた問題を，支給される材料で一定時間内に完成させる方法で行われます。

- 出題分野

(1) 電線の接続　　(2) 配線工事　　(3) 電気機器及び配線器具の設置

(4) 電気機器・配線器具並びに電気工事用の材料及び工具の使用方法

(5) コード及びキャブタイヤケーブルの取付け

(6) 接地工事　　(7) 電流，電圧，電力及び電気抵抗の測定

(8) 一般用電気工作物の検査　　(9) 一般用電気工作物の故障箇所の修理

- 試験時間：40 分（変更される場合もあります）

⚡試験についての問合せ先

一般財団法人 電気技術者試験センター

〒 104-8584　東京都中央区八丁堀 2-9-1　RBM 東八重洲ビル 8 階

TEL　03-3552-7691　　　　メール　info@shiken.or.jp

URL　https://www.shiken.or.jp

目次

本書の使い方

●項目番号, 見出し
試験によく出題される内容を、86 の項目にまとめています。

●消える文字
付属の赤いシートを被せると, 重要な用語や公式, 数値を隠せます。
暗記学習にご利用ください。

●章タイトル
本書では, 試験の出題範囲を 7 つの章に分け, 学習しやすい順に配置しています。

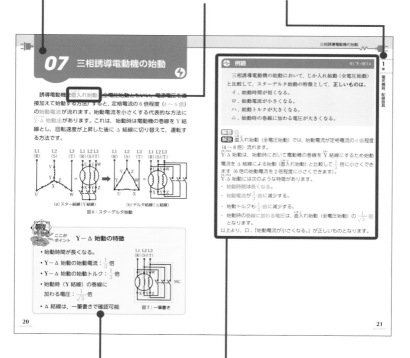

●ここがポイント
出題のポイントとなる要素, 重要な公式や法則を, 覚えやすい形にまとめています。

●例題
試験によく出題される問題を, 項目ごとに 1 問ずつ掲載しています。
なお, 頁の都合上, 問題文の一部を変更している場合があります。

第 1 章

電気機器，
配線器具

絶縁電線は，屋内配線用と屋外配線用があります。

表1：絶縁電線の記号と名称，用途

記号	絶縁電線の名称	用途（最高許容温度）
IV	600V ビニル絶縁電線	屋内配線（60℃）
IE	600V ポリエチレン絶縁電線	耐熱を要する屋内配線（75℃）
HIV	600V 二種ビニル絶縁電線	耐熱を要する屋内配線（75℃）
DV	引込用ビニル絶縁電線	屋外引込用。架空引込配線
DE*	引込用ポリエチレン絶縁電線	屋外引込用。架空引込配線
OW	屋外用ビニル絶縁電線	屋外配線。低圧架空配線

* DV に代わるものとして使用が認められた。

ケーブルは，絶縁電線を外装被覆（シース）で覆ったものです。

表2：ケーブルの記号と名称，用途

記号	ケーブルの名称	用途（最高許容温度）
VVF	600V ビニル絶縁ビニルシースケーブル平形	屋内，屋外，地中（60℃）
VVR	600V ビニル絶縁ビニルシースケーブル丸形	屋内，屋外，地中（60℃）
EM-EEF	600V ポリエチレン絶縁耐燃性ポリエチレンシースケーブル平形（エコケーブル）	屋内，屋外，地中（75℃）
CV	600V 架橋ポリエチレン絶縁ビニルシースケーブル	屋内，屋外，地中（90℃）
CT	キャブタイヤケーブル	移動用
MI	MI ケーブル	高温場所

コードは，ビニルコード（発熱のない小形機器の移動用），ゴムコード，ゴム絶縁袋打コードなどがあります。

ここがポイント **電線とケーブルの種類，許容温度**

- 絶縁電線の種類：IV，IE，HIV，DV，DE，OW
- ケーブルの種類：VVF，VVR，EM-EEF，CV，CT，MI
- ビニルコードは，発熱のない機器に使用
- 絶縁物の最高許容温度

  絶縁物がビニル（IV，VVF，VVR）：60℃

  耐熱ビニル（HIV）：75℃

  絶縁物がポリエチレン（IE，EM-EEF）：75℃

  架橋ポリエチレン（CV）：90℃

- MI ケーブルは高温高圧場所でも使用できる

例題　　　　　　　　　　　　　　　　　　R1下・問12

絶縁物の最高許容温度が**最も高いもの**は。

イ．600V 二種ビニル絶縁電線（HIV）

ロ．600V ビニル絶縁電線（IV）

ハ．600V 架橋ポリエチレン絶縁ビニルシースケーブル（CV）

ニ．600V ビニル絶縁ビニルシースケーブル丸形（VVR）

解答 ハ

解説 CV ケーブルの絶縁材料に使用される架橋ポリエチレンの最高許容温度は 90℃ で，最も高いです。

02 スイッチ（点滅器）

　スイッチ（点滅器）は，単極スイッチ，3路スイッチ，4路スイッチ，自動点滅器，タイムスイッチなどが用いられます。

単極スイッチ：スイッチ（点滅器）は，非接地側（黒）に入れます。

   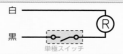

3路スイッチ：3路スイッチ2個を用い，2箇所で点滅させます。

   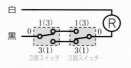

4路スイッチ：3路スイッチと4路スイッチを組合わせ3箇所以上の点滅に用います。

   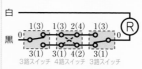

位置表示灯内蔵スイッチ：電灯が消灯時に表示灯が点灯します。

   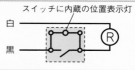

スイッチに内蔵の位置表示灯

確認表示灯内蔵スイッチ：電灯が点灯時に表示灯が点灯します。

  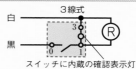

スイッチに内蔵の確認表示灯

自動点滅器：暗いとき「入」，明るいとき「切」を自動で行うスイッチです。

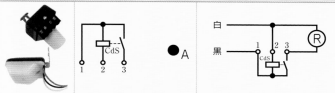

タイムスイッチ：設定した時間に「入」「切」を自動で行うスイッチです。

※ L_2 端子は使用していない。

 **ここが
ポイント　スイッチの種類と記号を覚える**

表3：主なスイッチの種類と記号

図記号	名称	図記号	名称
●	単極スイッチ	●A	自動点滅器
●3	3路スイッチ	●R	リモコンスイッチ
●4	4路スイッチ	○	パイロットランプ
●H	位置表示灯内蔵スイッチ	✎	調光器
●L	確認表示灯内蔵スイッチ	◆	ワイドハンドル形単極スイッチ

✦ 例題

●ₗ 図記号の器具は。ただし，写真下の図は，接点の構成を示す。

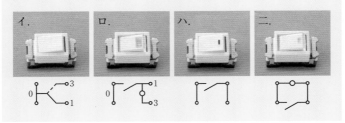

解答 ロ

解説 ●ₗ 図記号の器具は，ロ．確認表示灯内蔵スイッチです。

イ．●₃　３路スイッチ

ハ．●　　単極スイッチ

ニ．●ₕ　位置表示灯内蔵スイッチ

確認表示灯は，スイッチが閉じているとき点灯。位置表示灯は，スイッチが開いているとき点灯。

6

03 コンセント，その他の配線器具

コンセントは，定格電圧及び定格電流，単相，三相又は用途により，刃受けの形状と極配置が異なります。

コンセント	接地極付	接地極付 抜け止め形	接地端子付
15A 125V 2 口	15A 125V 2 口	15A 125V 2 口	15A 125V 2 口
2	2 E	2 LK E	2 ET

接地極付 20A（15A 兼用）	20A 専用	200V 用接地極付	200V 用接地極付 20A（15A 兼用）
20A 125V	20A 125V	15A 250V	20A 250V
20A E	20A	250V E	20A250V E

※ 100V 用のコンセントは定格電圧が 125V，200V 用のコンセントは定格電圧が 250V である。

● その他の配線器具

①コンセント 15A 125V	②コンセント（15A 兼用） 20A 125V
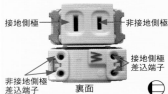 接地側極　非接地側極 接地側極差込端子 非接地側極差込端子　裏面	 20A
刃受けの長い方が接地側極で裏にWの表示がある。15A，125Vは，図記号に傍記しない。	20A，15Aのプラグを差すことができる。
③コンセント（20A専用） 20A 125V	④抜け止め形コンセント 15A 125V
 20A	 LK
カギ形の刃受けが接地側極である。 20A専用	プラグを差し込んで右に回すと抜けにくくなる。 LK：抜け止め
⑤接地極付コンセント 15A 125V	⑥接地端子
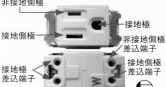 非接地側極 接地側極 接地極 非接地側極差込端子 接地極差込端子 接地側極差込端子 裏面　E	 電気機器の接地線を結線する端子
接地を必要とする機器用のコンセント E：接地極付	電気機器の接地線を結線する端子

① 1 口用プレート	② 2 口用プレート
}1個	}2個
埋込形スイッチやコンセントが 1 個用のプレート	埋込形スイッチやコンセントが 2 個用のプレート
③ 3 口用プレート	④埋込連用取付枠
}3個	
埋込形スイッチやコンセントが 3 個用のプレート	埋込形スイッチやコンセント（1～3個）を取り付け，ボックスに固定するための枠
⑤露出形スイッチ	⑥露出形コンセント 15A 125V
露出配線で用いる単極スイッチ（片切スイッチ） 露出配線 ----- ●	露出配線で用いるコンセント 露出配線 -----

①防雨形コンセント 15A 125V	②フロアコンセント 15A 125V
 接地端子 3 LK ET WP	 2
雨水のかかる場所で使用。 3口，抜け止め形，接地端子付，防雨形	床面に取り付けるコンセント
③露出引掛形コンセント 15A 125V	④引掛プラグ
 T	
円弧状の刃受けで，プラグの回転で抜けない構造のコンセント	差し込み部が円弧状で，回転すると引っ掛かって抜けない構造のプラグ
⑤露出接地極付三相コンセント 接地3P20A 250V	⑥接地極付三相プラグ
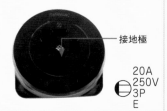 接地極 20A 250V 3P E	
接地極付3極コンセント，三相200V用で用いる。	接地3P用プラグ，三相200V用で用いる。

**ここが
ポイント** **コンセントの刃受けの
配置と記号が重要**

- ⊓ 単相 15A 125V   ⊔ 単相 20A 125V

- ⊕⊓ 単相 20A 125V（15A 兼用）

- ⊖ 単相 15A 250V

- ⊖ 単相 20A 250V（15A 兼用）

- ∧ 三相 250V   ⊓ 三相 250V（接地極付）

※電圧は定格電圧
を表し，
125V は 100V，
250V は 200V
で使用する。

表4：コンセントの記号に傍記する記号

2	2口以上は，口数を傍記	LK	抜け止め形
3P	3極以上は，極数を傍記	T	引掛形
E	接地極付	EL	漏電遮断器付
ET	接地端子付	WP	防雨形
EET	接地極付接地端子付	H	医用

※屋外や台所などに施設するコンセントは接地極付きとし，接地端子を
備えることが望ましい。

⊕ 例題

R1下・問37

250V ⊔E　左に示す図記号のコンセントの極配置（刃受）は。

イ. 　　ロ. 　　ハ. 　　ニ.

解答 イ

参考 図記号は，イ．15A 250V 接地極付コンセントの極配置（刃受）
です。

ロ．20A（15A 兼用）250V コンセント

ハ．20A（15A 兼用）125V コンセント

ニ．15A 125V 接地極付コンセント

04 配線用遮断器, 漏電遮断器

配線用遮断器は過電流や短絡電流が流れたとき，漏電遮断器は漏電したとき，自動的に電路を遮断します。

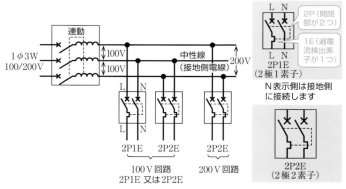

図1：電灯回路の分岐用配線用遮断器の接続例

配線用遮断器	
①配線用遮断器 **100V用（2P1E）**	②配線用遮断器 **100V/200V兼用（2P2E）**
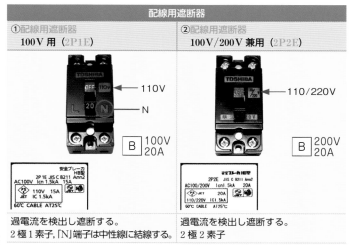	
過電流を検出し遮断する。 2極1素子，「N」端子は中性線に結線する。	過電流を検出し遮断する。 2極2素子

漏電遮断器（過負荷保護兼用）

③漏電遮断器（過負荷保護兼用）100V用（2P1E）

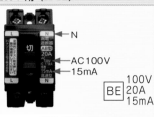

N
AC100V
15mA

BE 100V 20A 15mA

地絡を検出又は過電流を検出し遮断する。「N」端子は中性線に結線する。

④漏電遮断器（過負荷保護兼用）100V/200V兼用（2P2E）

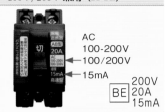

AC 100-200V
100/200V
15mA

BE 200V 20A 15mA

地絡を検出又は過電流を検出し遮断する。

⑤漏電遮断器（過負荷保護兼用 中性線欠相保護機能付）

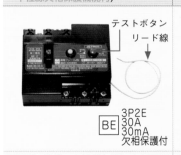

テストボタン
リード線

3P2E 30A 30mA 欠相保護付

過電流，地絡，中性線欠相による過電圧などで遮断する。

⑥モータブレーカ（電動機保護用配線用遮断器）

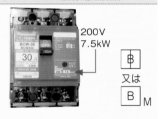

200V 7.5kW

B
又は
B M

電動機の過負荷保護用，電動機の容量又は電流の表示がある。

配線用遮断器の極数と素子

- 100V 回路は，2P1E 又は，2P2E を用いる。

- 200V 回路は，2P2E を用いる。

例題

⑬で示す図記号の機器は。

```
┌─────────────────────────────┐   ┌─────────────────────────────┐
│   1階分電盤(L-1)結線図        │   │   2階分電盤(L-2)結線図        │
│                             │   │                             │
│ 1φ3W    屋外│屋内           │   │ 1φ3W                        │
│ 100/200V                    │   │ 100/200V                    │
│         ┌─1φ3W  a~fは 2P20A │   │ L-1                         │
│         │ 100/200V ルームエアコン│ │      1φ100V   ルームエアコン 1φ100V(3階)│
│         │ L-2 1φ100V 1φ200V │   │    h ～ j は 2P20A          │
│  ⎍Wh   a ～ f  g           │   │      h ～ j  k  l   m       │
│      B B  B～B  B B         │   │                             │
│ BE 3P 3P 3P   2P            │   │   B   B～B   B  B  B         │
│ 75AF 50AF 50AF 20A          │   │   3P  2P    2P 2P 2P         │
│ 60A  30mA                   │   │   50AF 20A   20A 20A 20A     │
│ 30mA                        │   │   40A                       │
│                             │   │              ⑬             │
└─────────────────────────────┘   └─────────────────────────────┘
```

⑬

イ． ロ． ハ． ニ．

解答 ニ

解説 ⑬で示す図記号 B $\frac{2P}{20A}$ の機器は，200V 回路で用いる 2P2E（2極2素子）の配線用遮断器です。

イは 2P1E の配線用遮断器，ロは 2P1E の過負荷保護付漏電遮断器，ハは 2P2E の過負荷保護付漏電遮断器。

照明用光源は，主に白熱電灯，放電灯が使用されてきましたが，省エネのためインバータ式の蛍光灯やLED照明が多くなっています。表5は，各種光源とその種類や特徴です。

表5　各種光源

光源	種類，ランプ効率，特徴
白熱電灯	一般的な白熱電球（11 ～ 18 lm/W）
	クリプトン電球（小形），ハロゲン電球（一般電球よりも高効率）
放電灯	蛍光灯（40 ～ 80 lm/W），インバータ式蛍光灯（110 lm/W）
	水銀灯（50 lm/W），ナトリウム灯（120 lm/W）
新しい光源による照明	LED（発光ダイオード）照明（70 ～ 150 lm/W）
	有機EL（エレクトロルミネセンス）照明（面発光，自由形状）

※〔lm/W〕（ルーメン毎ワット）は，ランプ効率で1Wの電力で発生する光束を示す。

※ インバータ式蛍光灯は，Hf（high frequency）蛍光灯（高周波点灯蛍光灯）という。

● 蛍光灯の始動点灯方式

　蛍光灯の始動点灯方式には，グロースタータ式，ラピッドスタート式，インバータ式などがあります。

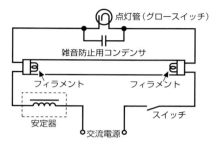

図2：グロースタータ式点灯回路

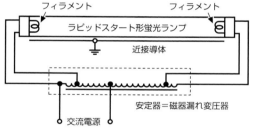

図3：ラピッドスタート式点灯回路

※インバータ式は，商用の交流を直流に変換した後，高い周波数（数十キロヘルツ）の交流により点灯する方式である。

**ここが
ポイント** 蛍光灯および LED 灯の特徴,
蛍光灯の始動方式など

蛍光灯,または LED 灯を白熱電灯と比較したとき次の特徴
があります。

- 効率が高い(同じ明るさにおける消費電力が小さい)

- 寿命が長い(約 10 倍)

- 力率が悪い(低い)(電流の位相が遅れる)

- 価格が高い

蛍光灯の始動方式:グロースタータ式,ラピッドスタート
式,インバータ式

- 安定器の役割:放電開始の高電圧を発生,電流の安定化

- 雑音防止用コンデンサ:高周波ノイズ(雑音)を吸収

- インバータ式の特徴:省電力化,高照度化が可能

例題 H30上・問15

白熱電球と比較して,電球形 LED ランプ(制御装置内蔵形)
の特徴として,誤っているものは。

イ.力率が低い。

ロ.効率が高い。

ハ.価格が高い。

ニ.寿命が短い。

解答 ニ
解説 電球形 LED ランプは,白熱電球と比較して次のような特徴が
あります。
・効率が高い。 ・寿命が長い。 ・力率が低い。 ・価格が高い。
LED を利用する照明器具は,Hf 蛍光灯(インバータ式蛍光灯)より
も効率が高くなっており,LED を利用した照明が増加しています。

06 三相誘導電動機

    三相誘導電動機とは，3つの巻線に三相の交流電流を流したときに生じる回転磁界中のかご形回転子が回転する電動機です。回転磁界の回転速度は電源周波数に同期しているので同期回転速度といい，N_s で表します。電動機の回転速度 N は，N_s より数パーセント遅くなります。

    又，電源線の3線のうち2線を入れ替えると回転磁界の方向が逆になり，電動機は逆転します。

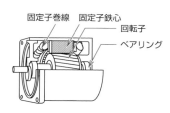

図4：誘導電動機の構造

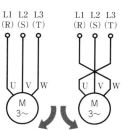

図5：3線のうち2線を入れ替えると逆転する

ここがポイント　三相誘導電動機の回転と力率改善

- 同期回転速度（回転磁界* の回転速度）N_s は，周波数 f〔Hz〕に比例し，極数 p に反比例する。

- $N_s = \dfrac{120 f}{p}$〔$\overset{毎分}{\text{min}^{-1}}$〕　（同期回転速度）

- 電源線の3線のうち2線を入れ替えると逆転する。

- 力率を改善するには，進相コンデンサを並列に入れる。

* 回転磁界：3つのコイルによってできる合成磁界が，周波数によって決まる速度で回転する。これを回転磁界という。

🔶 例題

極数6の三相かご形誘導電動機を周波数50Hzで使用するとき，最も近い回転速度〔min^{-1}〕は。

イ．500

ロ．1000

ハ．1500

ニ．3000

解答 ロ

解説 三相かご形誘導電動機の同期回転速度 N_s〔min^{-1}〕は，回転磁界の回転速度です。周波数を f〔Hz〕，極数を p とすると次式となります。

$$N_s = \frac{120\,f}{p}\ \text{〔min}^{-1}\text{〕}$$

$f = 50$，$p = 6$ を代入すると，

$$N_s = \frac{120 \times 50}{6} = 1000\ \text{min}^{-1}$$

三相かご形誘導電動機は，無負荷のときは同期回転速度に近い速度で回転し，定格負荷で運転するときは数パーセント回転速度が減少します。最も近い回転速度は，$1000\,\text{min}^{-1}$（同期回転速度）となります。

07 三相誘導電動機の始動

　誘導電動機を直入れ始動（全電圧始動ともいい，電源電圧を直接加えて始動する方法）すると，定格電流の 6 倍程度（4 〜 8 倍）の始動電流が流れます。始動電流を小さくする代表的な方法に Y-Δ 始動法があります。これは，始動時は電動機の巻線を Y 結線とし，回転速度が上昇した後に Δ 結線に切り替えて，運転する方法です。

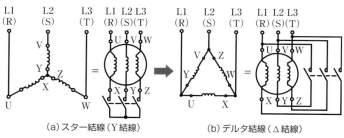

(a) スター結線（Y 結線）　　　　(b) デルタ結線（Δ 結線）

図 6：スターデルタ始動

ここが
ポイント　　**Y − Δ 始動の特徴**

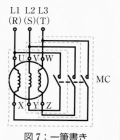

- 始動時間が長くなる。

- Y − Δ 始動の始動電流：$\dfrac{1}{3}$ 倍

- Y − Δ 始動の始動トルク：$\dfrac{1}{3}$ 倍

- 始動時（Y 結線）の巻線に

  加わる電圧：$\dfrac{1}{\sqrt{3}}$ 倍

- Δ 結線は，一筆書きで確認可能

図 7：一筆書き

🔹 例題

　三相誘導電動機の始動において，じか入れ始動（全電圧始動）と比較して，スターデルタ始動の特徴として，**正しいものは**。

　イ．始動時間が短くなる。

　ロ．始動電流が小さくなる。

　ハ．始動トルクが大きくなる。

　ニ．始動時の巻線に加わる電圧が大きくなる。

解答 ロ

解説 直入れ始動（全電圧始動）では，始動電流が定格電流の 6 倍程度（4〜8 倍）流れます。

Y-Δ 始動は，始動時において電動機の巻線を Y 結線にするため始動電流を Δ 結線による始動（直入れ始動）と比較して $\frac{1}{3}$ 倍に小さくできます（6 倍の始動電流を 2 倍程度に小さくできます）。

Y-Δ 始動には次のような特徴があります。

・ 始動時間は長くなる。

・ 始動電流が $\frac{1}{3}$ 倍に減少する。

・ 始動トルクも $\frac{1}{3}$ 倍に減少する。

・ 始動時の巻線に加わる電圧は，直入れ始動（全電圧始動）の $\frac{1}{\sqrt{3}}$ 倍となります。

以上より，ロ．「始動電流が小さくなる。」が正しいものとなります。

08 電気工事用工具

● 工具（技能試験で必要とされる指定工具）

①ペンチ	②電工ドライバー
電線やケーブルの切断に使用する。	（プラス，マイナス） ⊕ドライバ（呼び番号 2） ⊖ドライバ（歯幅 5.5 又は 6）
③電工ナイフ	④スケール
絶縁電線の被覆やケーブルのシースを剥ぎ取るのに用いる。	電線の長さや配線器具間の寸法を測る。
⑤ウォータポンププライヤ	⑥リングスリーブ用圧着工具
ロックナットの締め付けなどに使用する。	リングスリーブを圧着し，電線を接続する工具（リングスリーブ用圧着ペンチ）

● 工具（金属管工事用工具）

①パイプバイス	②金切りのこ
電線管の切断やねじを切るときに管をはさんで固定する。パイプ万力ともいう。	金属管などを切断するときに用いる。
③リーマ	④クリックボール
クリックボールに取り付けて金属管切断面の内側の面取り（バリ取り）に用いる。	リーマを取り付け金属管内側の面取り（バリ取り），羽根ぎりで木板の穴あけなどに用いる。
⑤平ヤスリ	⑥リード型ねじ切り器
金属管の切断面を滑らかに仕上げるのに用いる。	金属管にねじを切るのに用いる。

● 工具（金属管工事用工具）

①パイプカッタ（金属管用）	②油さし
金属管を切断するのに用いる。	金属管の切断やねじを切るとき，油をさしながら作業を行う。
③パイプベンダ	④パイプレンチ
金属管を曲げるのに用いる。	金属管やカップリングなどの丸いパイプを回すのに用いる。
⑤高速切断機（高速カッター）	⑥ホルソ
金属管の切断に用いる。	電気ドリルに取り付けて金属板に穴をあけるのに用いる（プルボックスの穴あけなど）。

● 工具（合成樹脂管工事用工具，電動工具）

①ガストーチランプ	②面取器

硬質塩化ビニル電線管の曲げ加工や差し込み接続のとき加熱して柔らかくする。	硬質塩化ビニル電線管切断面の内側と外側の面取りに用いる。
③合成樹脂管用カッタ	④振動ドリル

硬質塩化ビニル電線管の切断に用いる。	回転＋打撃（振動）でモルタル，コンクリートの穴あけに用いる。
⑤ドリルドライバ	⑥ディスクグラインダ

電動ドライバは，締めすぎ防止クラッチ機構がある。電動ドリル兼用。	金属管など鋼材のバリ取り。木材，レンガ，タイルなどの研磨に用いる。

● 工具

①ケーブルストリッパ (1)	②ケーブルストリッパ (2)
ケーブルのシースの剝ぎ取り，絶縁電線の被覆の剝ぎ取り，電線の切断，輪作りに用いる。	ケーブルのシースの剝ぎ取り，絶縁電線の被覆の剝ぎ取りに用いる。
③ニッパ	④ラジオペンチ
電線の切断，VVR などケーブルの介在物等の切断に用いる。	電線の輪作りなどに用いる。
⑤圧着端子用圧着工具	⑥手動油圧式圧着器
電線に圧着端子を接続する（端子用圧着ペンチ）。	太い電線の圧着接続に用いる。

● 工具

① タップハンドルとタップ	② 羽根ぎり
金属板などに開けた穴にねじ溝を切るのに用いる。	クリックボールの先端に取り付け木板の穴あけに用いる。
③ ボルトクリッパ	④ 六角レンチ
メッセンジャーワイヤ等の切断に用います。	六角ボルトを締める又は緩めるのに用いる。
⑤ ノックアウトパンチャ	⑥ 呼び線挿入器 **(通線器)**
金属板などに穴をあけるのに用いる。ノックアウトパンチともいう。	通線ワイヤとケースからなり，電線管に電線を通線するのに用いる。

● 工具

①プリカナイフ	②半田ごて
二種金属製可とう電線管（プリカチューブ）の切断に用いる。	電線や端子など，接続部のはんだ付けに用いる。
③ケーブルカッター	④安全帯
ケーブルや太い電線の切断に用いる。	昇柱時や高所作業時に転落防止のために用いる。
⑤張線器（シメラー）	⑥スパナ
メッセンジャーワイヤ（ちょう架用線）や電線などがたるまないように引っ張るのに用いる。	ボルトやナットの締め付けに用いる。

ここがポイント 主な電気工事用工具

- 指定工具：ペンチ，ドライバ（＋，−），電工ナイフ，スケール，リングスリーブ用圧着工具，ウォータポンププライヤ
- 金属管工事：パイプバイス，金切りのこ，クリックボールとリーマ，やすり，パイプベンダ，ねじ切り器，他
- 合成樹脂管工事：ガストーチランプ，面取器，合成樹脂管用カッタ，他

例題

R1上・問13

　金属管（鋼製電線管）工事で切断及び曲げ作業に使用する工具の組合せとして，**適切なものは**。

　イ．やすり　　　　　パイプレンチ　　　　トーチランプ
　ロ．リーマ　　　　　金切りのこ　　　　　パイプベンダ
　ハ．やすり　　　　　金切りのこ　　　　　トーチランプ
　ニ．リーマ　　　　　パイプレンチ　　　　パイプベンダ

解答 ロ

解説 金切りのこで金属管を切断し，ヤスリで切断面の外側を滑らかに仕上げ，クリックボールにリーマを取り付けて回転させることで金属管内側の面取りを行い滑らかにします。金属管を曲げるにはパイプベンダを用います。

09 管工事用材料

● 電気工事用材料（金属管，合成樹脂管）

①薄鋼電線管，厚鋼電線管	②ねじなし電線管（E 管）
 薄鋼（19,25,31 など） 厚鋼（16,22,28 など）	 （E19,E25,E31 など）
管にねじを切って使用する。 薄鋼：外径に近い奇数　｝で表す。 厚鋼：内径に近い偶数	管にねじを切らずに使用する。外径に近い奇数で表す。
③二種金属製可とう電線管	④硬質塩化ビニル電線管（VE 管）
 （F2 17，F2 24，F2 30 など）	 （VE14，VE16，VE22 など）
自由に曲げられる金属製の電線管でプリカチューブともいう。	曲げ加工は，トーチランプで加熱する。内径に近い偶数で表す。
⑤合成樹脂製可とう電線管 （PF 管）	⑥合成樹脂製可とう電線管 （CD 管）
 （PF14，PF16，PF22 など）	 （CD 14，CD 16，CD 22 など）
自由に曲げられる電線管。内径に近い偶数で表す。	自由に曲げられる電線管。コンクリート埋設用。オレンジ色で区別する。

● 電気工事用材料（ボックス類）

① VVFケーブル用ジョイントボックス（端子なし）	② VVFケーブル用ジョイントボックス（端子付）

VVFケーブルを接続する場所で用いるボックス	露出場所でVVFケーブルを接続するときに用いる。
③スイッチボックス	④ぬりしろカバー
	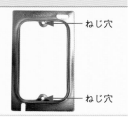 ねじ穴 ねじ穴
埋込スイッチや埋込コンセントを収めるボックス	スイッチボックスに取り付け，壁の仕上げ面を合わせる。取付枠を固定するねじ穴がある。
⑤アウトレットボックス	⑥プルボックス
	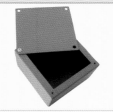
電線の接続箇所に設ける。埋込器具を収めるなどする。	金属管の集合する箇所で，電線を接続したり，ケーブルの引込などに用いる。

● 電気工事用材料（金属管工事用付属品）

①ねじなしボックスコネクタ	②ねじなしブッシング
ねじなし電線管とボックスの接続に用いる。	ねじなし電線管の管端に取り付け，電線の被覆を保護する。
③ロックナット	④絶縁ブッシング
電線管とボックスの接続に用いる。ボックスの内と外から挟む形で締め付ける。	管端に取り付け電線の被覆を保護する。
⑤ゴムブッシング	⑥リングレジューサ
金属製ボックスにケーブルを通すときケーブルが損傷しないようにボックスの穴に取り付ける。	穴径より細い管をボックスと接続する。2枚でボックスの内と外から挟みロックナットで締める。

● 電気工事用材料（合成樹脂管工事用付属品）

① TS カップリング	② 2 号ボックスコネクタ

硬質塩化ビニル電線管どうしの接続に用いる。	硬質塩化ビニル電線管とボックスとの接続に用いる。

③ PF 管用カップリング	④ PF 管用ボックスコネクタ

PF 管（合成樹脂製可とう電線管）どうしの接続に用いる。	PF 管（合成樹脂製可とう電線管）とボックスの接続に用いる。

PF 管　　　　　　　　　　　　PF 管

PF 管用カップリング

⑤ CD 管用カップリング	⑥ CD 管用ボックスコネクタ

CD 管（合成樹脂製可とう電線管）どうしの接続に用いる。 オレンジ色は CD 管用	CD 管（合成樹脂製可とう電線管）とボックスの接続に用いる。オレンジ色は CD 管用

● 電気工事用材料（カップリング，サドル）

①カップリング （薄鋼電線管用カップリング）	②ねじなしカップリング
薄鋼電線管どうしの接続に用いる。	ねじなし電線管どうしの接続に用いる。
③コンビネーションカップリング（1）	④コンビネーションカップリング（2）
PF 管　　　　　ねじなし電線管 コンビネーションカップリング	
異なる電線管を接続するのに用いる （PF 管とねじなし電線管の接続例）。	異なる電線管を接続するのに用いる （二種金属製可とう電線管とねじなし 電線管用）。
⑤サドル（合成樹脂管用）	⑥サドル（金属管用）
合成樹脂管などを造営材に固定するの に用いる。	金属管などを造営材に固定するのに用 いる。

● 電気工事用材料

①ユニバーサル （ねじなし電線管用）	②丸形露出ボックス （ねじなし電線管用）

露出の金属管工事で，直角に曲がる箇所に用いる。	露出の金属管工事で，管の交差場所で用いるジョイントボックス。
③接地金具 （ラジアスクランプ）	④エントランスキャップ

金属管に接地線などを電気的に接続するのに金属管に巻き付けて電線を固定する。	金属管工事の垂直配管の上部管端，水平配管の管端に取り付け雨水の浸入を防ぐ。
⑤ノーマルベンド （硬質塩化ビニル電線管用）	⑥ノーマルベンド （ねじなし電線管用）
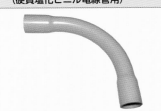	
硬質塩化ビニル電線管による工事で，直角に曲がる箇所に用いる。	ねじなし電線管による工事で，直角に曲がる箇所に用いる。

● 電気工事用材料

①リングスリーブ	②差込形コネクタ
電線相互を接続するスリーブで，小・中・大の3種類がある。専用の圧着工具で圧着する。	心線を規定量はぎ取り，コネクタ下部より差し込んで電線相互を接続するのに用いる。
③ステップル	④カールプラグ
VVFケーブルを造営材に固定するのに用いる。	コンクリートに木ねじで固定するとき，ねじが効くように下穴に差し込む部材。
⑤圧着端子	⑥パイラック
電線の端に圧着して付けるもので，機器の端子ねじに簡単に結線できる。	金属管を鉄骨などに固定するときに用いる。

● 電気工事用材料

①アンカー	②ノップがいし
盤などを固定するときコンクリートに下穴をあけて打ち込んで取り付けるのに用いる。	がいしの溝にバインド線で IV 線を固定して配線する。
③チューブサポート	④コードサポート
ネオン管を支持するために用いる。	ネオン電線を支持するために用いる。
⑤ネオン変圧器	⑥蛍光灯用安定器
ネオンサイン（放電灯）を放電させるために高電圧を発生し，安定器としても動作する。	蛍光灯の放電を安定に動作させるのに用いる（写真はラピッドスタート式安定器）。

● 電気工事用材料

①引掛シーリング（丸）	②引掛シーリング（角）
（　）	（　）
天井に取り付け，ペンダント器具などを吊り下げるのに用いる。	天井に取り付け，ペンダント器具などを吊り下げるのに用いる。

③線付き防水ソケット	④点灯管
臨時配線において電球を取り付けるのに用いる。	スタータ式蛍光灯の点灯管でグロースイッチ，グロースタータ，グローランプともいう。

● 電気工事用材料

①リモコンスイッチ	②リモコントランス
●R	
リモコン回路で照明の点滅を行うスイッチ	リモコン回路用の電源を得る変圧器。100/24Vの小形変圧器
③リモコンリレー	④漏電火災警報器
 ▲	 （附属品）　　　（本体）
接点の「入」「切」で照明器具の電源を「オン」「オフ」するリレー	地絡電流を検出し，警報を発するのに使用。附属品は，零相変流器で地絡電流を検出する。
⑤ライティングダクト	⑥一種金属製線ぴ
 開口部を下にして用いる	
照明器具を任意の位置に取り付けられる給電レール	絶縁電線やケーブルの収納に用いる。 一種：幅4cm未満 （二種：幅4cm以上5cm以下）

● 電気工事用材料（照明器具，他）

①ダウンライト（埋込器具）	②壁付照明器具
天井に埋め込む形式の照明器具 DL：埋込器具	屋側の壁面に取り付ける照明器具 WP：防雨形
③誘導灯	④換気扇（天井付き）
避難誘導を示す照明器具	天井に取り付けて使用する換気扇
⑤分電盤	⑥引き留めがいし
引込用遮断器と分岐回路用配線用遮断器を集合したもの	DV 線，DE 線（引込用絶縁電線）を引き留めるのに用いる。

● 電気工事用材料（絶縁電線，ケーブル，他）

① 600V ビニル絶縁電線（IV）	② 600V ビニル絶縁ビニルシースケーブル平形（VVF-2心）
IV1.6（単線）	VVF1.6-2C
電線管などに通して配線する。絶縁被覆の色は，黒，白，赤などを用いる。	心線の絶縁被覆，シース（外装被覆）ともに塩化ビニル，2心は，黒と白で構成される。
③ 600V ビニル絶縁ビニルシースケーブル平形（VVF-3心）	④ 600V ビニル絶縁ビニルシースケーブル丸形（VVR-2心）
VVF1.6-3C	VVR5.5-2C
心線の絶縁被覆，シース（外装被覆）ともに塩化ビニル。3心は，主として黒，白，赤で構成される。	丸形とするために，内部に紙やテープなどの介在物が入っている。
⑤ 600V ビニル絶縁電線（接地線）	⑥ 0.9mm 鉄バインド線
IV1.6（単線）	
緑色の IV 線は，接地用の電線として用いる。	IV 線をがいしに固定する。防護管の固定などに用いる。

41

ここが ポイント　主な管工事用材料

- 主な電線管の種類：薄鋼電線管，厚鋼電線管，ねじなし電線管，金属製可とう電線管，VE 管，PF 管，CD 管など

- 主な管工事用材料：アウトレットボックス，コンクリートボックス，スイッチボックス，プルボックス，カップリング，ロックナット，絶縁ブッシング，ボックスコネクタ，エントランスキャップ，ターミナルキャップ他

🔷 例題　　　　　　　　　　　　R1上・問9，問14，問16

　図に示す雨線外に施設する金属管工事の末端 Ⓐ 又は Ⓑ 部分に使用するものとして，**不適切なものは**。

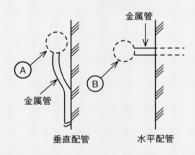

イ．Ⓐ 部分にエントランスキャップを使用した。

ロ．Ⓑ 部分にターミナルキャップを使用した。

ハ．Ⓑ 部分にエントランスキャップを使用した。

ニ．Ⓐ 部分にターミナルキャップを使用した。

解答 ニ

解説 内線規程（雨線外の配管）により，次のように規程しています。

- 雨線外に施設する金属管配線は，内部に水が浸入し難いようにすること
- 雨線外における垂直配管の上端には，エントランスキャップを使用すること
- 雨線外における水平配管の末端には，ターミナルキャップ又はエントランスキャップを使用すること

すなわち，垂直配管の上端にターミナルキャップを設けると電線を挿入する穴から雨水が浸入するので使用できません。したがって，ニ．「(A)部分にターミナルキャップを使用した。」の記述が不適切です（図参照）。

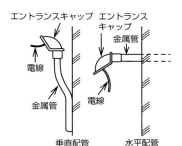

エントランスキャップによる
垂直配管と水平配管の末端

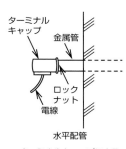

ターミナルキャップによる
水平配管の末端

※雨線内とは，屋外及び屋側において，のき，ひさしなどの先端から，鉛直線に対し，建造物の方向に45°の角度で下方に引いた線より内側をいう。雨線外とは，雨線内以外の場所（雨のかかる場所）をいう。

図　雨線外における末端の施設例（内線規程）

● 機器（制御用）

①電磁開閉器	②電磁接触器
電磁接触器と熱動継電器を組合わせたもので，電動機の運転制御用開閉器として用いる。	電動機などの，電源の「入」「切」の制御に用いる。
③熱動継電器	④押しボタンスイッチ
サーマルリレーともいい，電動機の過負荷が継続したときに動作する。	電動機などの運転・停止の制御用スイッチとして用いる。
⑤タイマ	⑥栓形ヒューズホルダ
電源がオンしてから設定時間後に接点が動作する。オフしてから動作するものもある。	包装ヒューズのホルダで，中のヒューズが溶断すると，ばねの力で溶断表示が出る。

● 機器，他の材料

①低圧進相コンデンサ	②誘導電動機
力率改善を目的として，電動機に並列に接続して用いる。	交流モータで，単相用，三相用電動機がある。
③電流計付開閉器	④爪付きヒューズ
電動機の手元開閉器として，電源の「入」「切」に用いる。	過電流による発熱で溶断し，電路を遮断する。
⑤インサート	⑥接地棒（アース棒）
コンクリート打設前に型枠に打ち込み打設後型枠を外し釘を折り取って吊りボルトを付ける。	大地に打ち込み接地極として用いる。

・電磁開閉器，電磁接触器，熱動継電器，低圧進相コンデンサ

🔷 例題

写真に示す機器の名称は。
イ．水銀灯用安定器
ロ．変流器
ハ．ネオン変圧器
ニ．低圧進相コンデンサ

解答 ニ

解説 写真の機器の名称は，ニ．低圧進相コンデンサです。三相誘導電動機に並列に接続し力率を改善します。

11 主な測定器

● 測定器

①回路計（テスタ）	②接地抵抗計（アーステスタ）
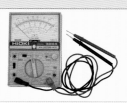	
回路の電圧，抵抗，導通などを調べる。	接地抵抗を測定する。補助接地棒が2本あることから判断できる。
③絶縁抵抗計（メガー）	④検相器

絶縁抵抗を測定するのに用いる。MΩ（メグオーム）の表示から判断できる。	三相回路の相順を確認するのに用いる（相回転計ともいう）。
⑤クランプメータ	⑥検電器
	低圧用 高圧用（低圧でも使える）
クランプに通した電線の電流，及び1回路の電線をクランプして漏れ電流の測定ができる。	接地側か非接地側かの確認，充電の有無の確認をするのに用いる。

● 測定器

①交流電圧計	②周波数計

交流電圧を測定するのに用いる。目盛板の V の記号から交流用の電圧計とわかる。	電源の周波数測定に用いる。目盛板の Hz の記号から周波数計とわかる。
③電力計	④電流計

電力を測定するのに用いる。目盛板の W の記号から電力計とわかる。	電流を測定するのに用いる。目盛板の A の記号から電流計とわかる。
⑤照度計	⑥電力量計

明るさの測定に用いる。目盛板の lx の記号又は円形の光センサーから照度計とわかる。	電力量を計測するのに用いる。

主な測定器

章

電気機器・配線器具

⑦ノギス	⑧光電式回転計

電線の太さなどの寸法を測るのに用いる。	回転部分に反射テープを貼り光の反射の回数から回転速度を計測する。

ここがポイント　よく出題される主な測定器

- 絶縁抵抗計，接地抵抗計，回路計，クランプメータ，検相器，検電器，電力量計，照度計，電圧計，電流計，周波数計，電力計

例題

H20・問25

低圧回路を試験する場合の測定器と試験項目の組合せとして，**誤っているもの**は。

イ．回路計と導通試験
ロ．検相器と電動機の回転速度の測定
ハ．電力計と消費電力の測定
ニ．クランプ式電流計と負荷電流の測定

解答 ロ

解説 ロが誤りです。検相器は，三相3線式配線の相順（相回転）を調べるものです。イ，ハ，ニは，正しい記述です。

第 **2** 章

配線図

配線図は，電気設備を決められた図記号で描いたもので，工事技術者は図面の読み書きができるようにする必要があります。

配線図用図記号の中でも，一般配線の図記号は，設計図の基本となるものです。主な図記号として表 1，表 2 があります。

表 1：一般配線の図記号①

図記号	名称など
———————	天井隠ぺい配線 天井内で見えない配線
– – – – – –	床隠ぺい配線 床内で見えない配線
··················	露出配線 見える配線
—··—··—··—	地中配線 地中に埋める配線
—— VVF1.6-2C ——	VVF ケーブル 1.6mm 2 心による配線
╫ IV1.6(19)	IV 1.6mm 2 本を薄鋼電線管に通した配線 (19) 奇数表示は薄鋼電線管を表す。
╫ IV1.6(16)	IV 1.6mm 2 本を厚鋼電線管に通した配線 (16) 偶数表示は厚鋼電線管を表す。
╫ IV1.6(E19)	IV 1.6mm 2 本をねじなし電線管に通した配線 (E19) E はねじなし電線管を表す。
╫ IV1.6(VE16)	IV 1.6mm 2 本を硬質塩化ビニル電線管 (VE 管) に通した配線
╫ IV1.6(PF16)	IV 1.6mm 2 本を合成樹脂製可とう電線管 (PF 管) に通した配線
╫ IV1.6(F2 17)	IV 1.6mm 2 本を 2 種金属製可とう電線管 (F2 管) に通した配線

図記号	名称など
□------------- LD	ライティングダクト 照明器具を自由に移動するためのダクト
▬▬·▬▬·▬▬ CV 5.5-2C (HIVE28)	CV ケーブル 5.5mm² 2 心を耐衝撃性硬質塩化ビニル電線管に通した地中配線
▬▬·▬▬·▬▬ CV 5.5-2C (FEP30)	CV ケーブル 5.5mm² 2 心を波付硬質合成樹脂管に通した地中配線

表 2：一般配線の図記号②

図記号	名称など
♂	立上り 上の階への配線（例：1 階から 2 階へ）
♀	引下げ 下の階への配線（例：2 階から 1 階へ）
♂̸	素通し　下の階から上の階への配線 （例：1 階から 3 階へ配線するときの 2 階部分）
⊠	プルボックス 金属管等の電線管の集まる箱
□	ジョイントボックス（アウトレットボックス） 電線の接続箱などに用いる
⊘	VVF 用ジョイントボックス VVF ケーブルの接続箱
⏚	接地端子 接地線を結線する端子
⏚	接地極　　　　　　　　　　接地種別の例 大地に接地する意　　　⏚E_A　⏚E_B　⏚E_C　⏚E_D
⟨	受電点 引込口に適用してもよい

ここが
ポイント **一般配線の図記号**

―――― 天井　－－－－ 床　……… 露出　―・― 地中

(19)：19 の薄鋼　(16)：16 の厚鋼　(E19)：19 のねじなし

(VE16)：16 の塩ビ管　(PF16)：16 の PF 管

(F2)：2 種金属製可とう電線管

(HIVE)：耐衝撃性硬質塩化ビニル電線管

(FEP)：波付硬質合成樹脂管

LD：ライティングダクト

⚡↗　⚡↘　⚡↗　☒　▢⊘　⊕　⏚　⟨

立上り　引下げ　素通し　プルボックス　ジョイント　接地端子　接地極　受電点
　　　　　　　　　　　　　　　　　　　　　　ボックス

🔹 例題

H28下・問22

低圧屋内配線の図記号と，それに対する施工方法の組み合わせ
として，正しいものは。

イ．………//＋//………　厚鋼電線管で天井隠ぺい配線
　　　　IV1.6（E19）

ロ．――――//＋//――――　硬質塩化ビニル電線管で露出配線
　　　　IV1.6（PF16）

ハ．――――//＋//――――　合成樹脂製可とう電線管で天井隠ぺい配線
　　　　IV1.6（16）

ニ．………//＋//………　2 種金属製可とう電線管で露出配線
　　　　IV1.6（F2 17）

54

解答 ニ

解説 正しいものはニです。

天井隠ぺい配線は ━━━━━━，露出配線は ━ ━ ━ ━ ━ ━

（ ）内の数字が，偶数は厚鋼電線管，奇数は薄鋼電線管を表します。

主な電線管の記号は，表のとおりです。

記号	電線管の種類	記号	電線管の種類
E	ねじなし電線管	VE	硬質塩化ビニル電線管
PF	合成樹脂製可とう電線管	FEP	波付硬質合成樹脂管
F2	2種金属製可とう電線管	HIVE	耐衝撃性硬質塩化ビニル電線管

以上から，

イ．IV1.6mm 3本をねじなし電線管に通した露出配線

ロ．IV1.6mm 3本を合成樹脂製可とう電線管に通した天井隠ぺい配線

ハ．IV1.6mm 3本を厚鋼電線管に通した天井隠ぺい配線

ニ．IV1.6mm 3本を2種金属製可とう電線管に通した露出配線

13 機器，照明器具の図記号

機器の主な図記号に，表3のものがあります。

表3：機器の図記号

図記号	名称など		
Ⓜ	電動機	Ⓜ 3φ200V 3.7kW	必要に応じ，電気方式電圧，容量などを傍記する
🗲	コンデンサ 電動機の力率改善などに用いる		
Ⓗ	電熱器		
∞	換気扇	⊠	天井付の換気扇
RC	ルームエアコン	RC 0 RC 1	屋外ユニット 室内ユニット
Ⓣ	小形変圧器	ⓉR	リモコン変圧器

ここがポイント **機器の図記号**

Ⓜ 電動機　🗲 コンデンサ　Ⓗ 電熱器　∞ ⊠ 換気扇　RC 0 RC 1 ルームエアコン　Ⓣ 変圧器

一般照明器具の主な図記号に，表 4 のものがあります。

表 4：照明器具の図記号

図記号	名称など	
⊖	ペンダント	天井から吊り下げる照明器具
(CL)	シーリングライト	天井に直付けする照明器具
(CH)	シャンデリア	装飾を兼ねた照明器具
(DL)	ダウンライト	天井埋込照明器具
◐	壁付白熱灯	壁側を塗る
⊗	屋外灯	庭園灯など
◯_H	水銀灯	H：水銀灯　M：メタルハライド灯 N：ナトリウム灯
▭◯▭	蛍光灯	天井に取り付ける
▭◐▭	壁付蛍光灯	壁側を塗る
▢◯	蛍光灯	形状に応じた表示とする
▭●▭	非常用照明	建築基準法によるもの
▭⊗▭	誘導灯	消防法によるもの 避難口誘導灯，通路誘導灯
[( )]	引掛シーリング（角）	(( )) （丸）

ここが ポイント 照明器具の図記号

 ペンダント シーリン グライト (CH) シャンデ リア (DL) ダウン ライト ● 白熱灯 （壁付） ⊗ 屋外灯 ○H 水銀灯

 蛍光灯　　　 蛍光灯 （壁付）　　　 引掛シーリング

例題1

R1上・問45

◯◯ 図記号の機器は。

 イ.　 ロ.　 ハ.　 ニ.

解答 ハ

解説 図記号◯◯は，ハの天井付の換気扇です。イ．換気扇（壁付）◯◯，ロ．天井埋込照明器具(DL)，ニ．白熱灯（壁付）●

例題2

R1下・問35

—◻←⑤ ⑤で示す部分にペンダントを取り付けたい。

図記号は。

イ. (CH)　　　　ロ. ◯　　　　ハ. ⊖　　　　ニ. (CL)

解答 ハ

解説 ペンダントの図記号は，ハ. ⊖（天井から吊り下げる照明器具）です。

58

14 スイッチ，コンセントの図記号

点滅器の主な図記号には，表5のものがあります。

表5：スイッチ（点滅器）などの図記号

図記号	名称	図記号	名称
●	単極スイッチ	●WP	防雨形スイッチ
●3	3路スイッチ	●A	自動点滅器
●4	4路スイッチ	↗	調光器
●H	位置表示灯内蔵スイッチ	●R	リモコンスイッチ
⊕9	リモコンセレクタスイッチ 点滅回路数を傍記する	●RAS	熱線式自動スイッチ
○●	別置された確認表示灯 とスイッチ	◆	ワイドハンドル形
●L	確認表示灯内蔵スイッチ	○	確認表示灯 （パイロットランプ）
●D	遅延スイッチ	●P	プルスイッチ
●2P	2極スイッチ	●T	タイマ付スイッチ

ここがポイント **よく出題されるスイッチ（点滅器）の傍記表示の文字記号**

3（3路） 4（4路）
H（位置表示灯付） L（確認表示灯付）
D（遅延） P（プル） 2P（2極） T（タイマ付）
WP（防雨形） A（自動点滅器）
R（リモコンスイッチ） RAS（熱線式自動スイッチ）

コンセントの主な図記号には，表 6 のものがあります。

表 6：コンセントの図記号

図記号	名称など		
Ⓘ	天井付コンセント 天井に取り付ける場合	Ⓘ	フロアコンセント 床面に取り付ける場合
⊖₂	2 口コンセント 2 口以上は口数を傍記	⊖₃	3 口コンセント
⊖LK	抜け止め形コンセント		
⊖E	接地極付コンセント		
⊖ET	接地端子付コンセント		
⊖EET	接地極付接地端子付コンセント		
⊖T	引掛形コンセント		
⊖EL	漏電遮断器付コンセント		
⊖WP	防雨形コンセント		
⊖H	医用コンセント		

◇ ワイド形　　□Ⓘ 非常用コンセント（消防法）　　※壁付きは，壁側を塗る。

ここがポイント　コンセントの傍記表示の文字記号

2（2 口用）　LK（抜け止め形）　E（接地極付）
ET（接地端子付）　EET（接地極付接地端子付）
T（引掛形）　EL（漏電遮断器付）
WP（防雨形）　H（医用）

例題1

R1下・問33

●ₗ　左に示す図記号の器具の種類は。

イ．位置表示灯を内蔵する点滅器

ロ．確認表示灯を内蔵する点滅器

ハ．遅延スイッチ

ニ．熱線式自動スイッチ

解答 ロ

解説 ●ₗは，確認表示灯を内蔵する点滅器です。

参考 イ．は●ₕ，ハ．は●ᴅ，ニ．は●ᴿᴬˢ です。

例題2

R1下・問34

EET
EL
　図記号の器具の種類は。

イ．接地端子付コンセント

ロ．接地極付接地端子付コンセント

ハ．接地極付コンセント

ニ．接地極付接地端子付漏電遮断器付コンセント

解答 ニ

解説 EET は接地極付接地端子付，EL は漏電遮断器付より，
は接地極付接地端子付漏電遮断器付コンセントです。
EET
EL

開閉器や分電盤などの主な図記号には，表7のものがあります。

表7：開閉器，分電盤などの図記号

図記号	名称など		
B	配線用遮断器	B	3P 200AF 150A	極数 フレーム 定格電流 } 傍記 する
E	漏電遮断器	E	2P 30mA	極数 定格感度電流 } 傍記 する
BE	過負荷保護付 漏電遮断器	E	2P 30AF 15A＊ 30mA	極数 フレーム 定格電流 定格感度電流 } 傍記 する ＊漏電遮断器の記号に定 格電流を傍記してもよい
B	モータブレーカ	B M	電動機保護用 配線用遮断器
Wh	電力量計 （箱入り又はフード付）	(Wh) 箱の無いもの	
TS	タイムスイッチ		
▰	分電盤	幹線保護用と分岐回路保護用配線用遮断器を集合した盤	
⊠	配電盤	変電設備等から分電盤や動力盤に配電するための盤	
◤◢	制御盤	一般に動力盤といい，電動機等に電力を供給，制御する盤	
◉B	電磁開閉器用押しボタン		
◉LF	フロートレス スイッチ電極	◉F フロートスイッチ	
(L)	電流制限器	契約電流以上の電流を制限する。 リミッタ	

他には，主に表 8 の図記号があります。

表 8：他の図記号

図記号	名称など		
●	押しボタン	●（壁付）	壁付は，壁側を塗る
ベル記号	ベル	A 警報用	T 時報用
ブザー記号	ブザー	A 警報用	T 時報用
J	チャイム		
▲	リモコンリレー	▲▲▲10	集合する場合は，リレー数を傍記する
⊕	リモコンセレクタスイッチ	⊕9	点滅回路数を傍記する
S	開閉器	S 2P30A f30A	極数，定格電流 }傍記ヒューズ定格電流 }する
Ⓢ	電流計付開閉器	Ⓢ 2P30A f30A 5A*	*電流計の定格電流を傍記する

63

ここが ポイント 他の図記号

 押しボタン　　 チャイム　　 電流計付開閉器

例題1

H29上・問31

分電盤の図記号は。

イ.　　　　ロ.　　　　ハ.　　　　ニ.

解答 ハ

解説 分電盤の図記号は，ハ. ◢ です。

参考 イ.配電盤 ⊠，ロ.制御盤 ▶◀，ニ.実験盤 ▶◀

例題2

H21・問34

チャイムの図記号は。

イ.♩　　　　ロ.　　　　ハ.　　　　ニ. T

解答 イ

解説 チャイムの図記号は，イ.♩です。

参考 ロ. ベル，ハ. ブザー，ニ. T 時報用ブザー

16 電灯配線と複線図

電気工事を行うときは，単線図で描かれた配線図から回路を理解した上で，複線図を描いて施工します。

● ランプレセプタクルへの配線

電源と負荷Ⓡ（ランプレセプタクル）を2本の電線で結べば，ランプは点灯します。

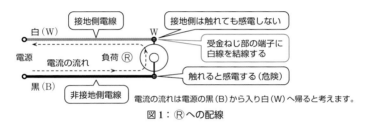

図1：Ⓡへの配線

Ⓡを点滅するには，図2の(a)，(b)の方法が考えられますが，スイッチSが入っていないとき(a)の方法は感電領域が広く危険ですので，禁止されています。

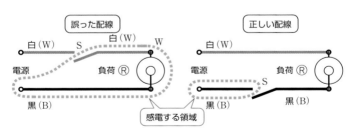

(a) 白線（接地線側電線）に
スイッチを入れる

(b) 黒線（非接地側電線）に
スイッチを入れる

図2：Ⓡの点滅方法

※図を描きやすくするため，白（W）線を上にしている。

● 単極スイッチで電灯を点滅する回路

1灯の電灯Ⓡを1箇所のスイッチで点滅する回路について，複線図を描きます。

- ・スイッチで電灯の点滅を行います。
- ・イのスイッチでイの電灯の点滅を行います。
- ・スイッチは，極性の区別はありません。
- ・スイッチは，電源の黒(B)線を結線した方を入口，反対側を出口とします。

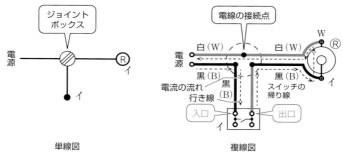

単線図　　　　　　　　　複線図

図3：スイッチで電灯を点滅

ここが
ポイント　**1灯の点滅回路の複線図**

① 使用する器具Ⓡとスイッチ及びジョイントボックスを描く。

② 電源からの白(W)線は，ⓇのW(受金ねじ部)に直接結線する。

③ 電源からの黒(B)線は，スイッチの入口(極性の区別は無いので左右どちらでもよい)に結線する。

④ スイッチの出口からジョイントボックスを経由しⓇに結線する(イからイへ結線する)。

⑤ ジョイントボックス内の接続点を黒丸で塗りつぶす。

参考 スイッチの出口から負荷に至る線を帰り線といいます。帰り線は，色の指定はありません。2心ケーブル（絶縁被覆の色は黒と白）を使用した場合は，残りの白（W）線を用います。

● 2箇所の3路スイッチで電灯を点滅する回路

　1灯の電灯 Ⓡ を2箇所の3路スイッチで点滅する回路について，複線図を描きます。

・階段の下と上など，2箇所で電灯を点滅するものです。
・図4のように，全体を1つのスイッチと考えると，簡単に複線図ができます。

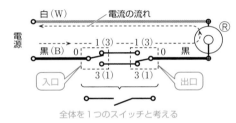

図4：2箇所のスイッチによる点滅

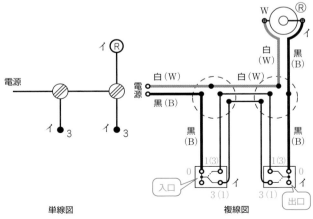

単線図　　　　　　　　　　　　　複線図

図5：2箇所のスイッチによる点滅

67

2箇所で電灯 Ⓡ を点滅する回路の複線図

① 電源からの白（W）線は，Ⓡ の W（受金ねじ部）に直接結線する。

② 電源からの黒（B）線は，スイッチの入口（電源に近い方の3路の0番）に結線する。

③ スイッチの出口（もう1つの3路の0番）から Ⓡ に結線する。

④ 2個の3路スイッチの1-1と3-3（又は1-3と3-1）を結線する。

● 3箇所のスイッチで電灯を点滅する回路

1灯の電灯 Ⓡ を3箇所のスイッチ（3路スイッチ2個，4路スイッチ1個）で点滅する回路について，複線図を描きます。

・階段の下と上及び部屋の入口など，3箇所で電灯を点滅するものです。

・図6のように，全体を1つのスイッチと考えると，簡単に複線図ができます。

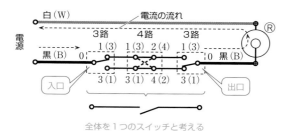

全体を1つのスイッチと考える

図6：3箇所のスイッチによる点滅

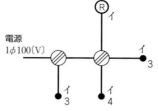

図7：3箇所点滅の回路（単線図）

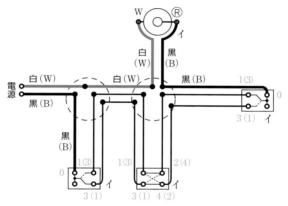

図8：3箇所点滅の回路（複線図）

**ここが
ポイント**　**3箇所で電灯Ⓡを点滅する回路の
複線図**

① 電源からの白（W）線は，ⒻのW（受金ねじ部）に直接
結線する。

② 電源からの黒（B）線は，スイッチの入口（電源に近い方
の3路の0番）に結線する。

③ スイッチの出口（もう1つの3路の0番）からⒻに結線
する。

④ 3路と4路スイッチの1−1と3−3（又は1−3と
3−1）及び4路と3路スイッチの2−1と4−3（又は
2−3と4−1）を結線する。

⑩の部分の最少電線本数（心線数）は。

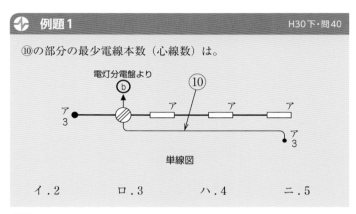

単線図

イ．2　　　　　ロ．3　　　　　ハ．4　　　　　ニ．5

解答 ロ

解説 2箇所のアの3路スイッチで，3箇所のアの照明器具を点滅する
回路です。

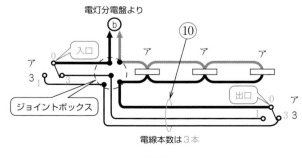

複線図

複線図から⑩の部分の最小電線本数は（心線数）は，複線図からロ．
3本です。

・複線図を描く手順の例

① 配線器具と照明器具を単線図の位置に配置します。
② 電源からの白（W）線は，各蛍光灯に直接結線します（電源→ジョ
　イントボックス→各蛍光灯）。
③ 電源からの黒（B）線は，スイッチの入口に結線します（電源→ジョ
　イントボックス→3路スイッチの0番）。
④ スイッチの出口から各蛍光灯に結線します（もう1つの3路スイッ
　チの0番→ジョイントボックス→各蛍光灯）。
⑤ 2個の3路スイッチの1－1と3－3（又は1－3と3－1）を結線
　します。

例題2

R1上・問37

⑦で示す部分の最少電線本数（心線数）は。

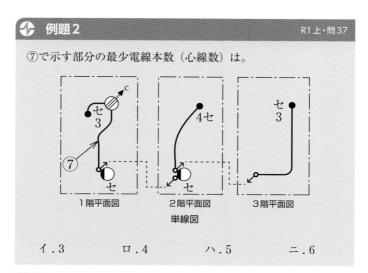

1階平面図　　2階平面図　　3階平面図
単線図

イ．3　　　　　ロ．4　　　　　ハ．5　　　　　ニ．6

解答 イ

解説 3箇所のセのスイッチで2箇所のセの電灯を点滅する回路です。
⑦で示す部分の最小電線本数（心線数）は，複線図よりイ．3本です。

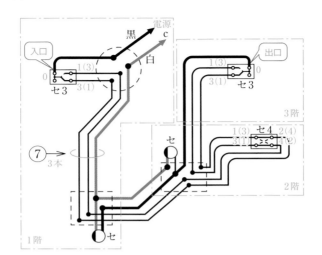

複線図

・複線図を描く手順の例

① 電源の白（W）を負荷（2箇所のセの電灯）へ。

② 電源の黒（B）をスイッチの入口（1階の3路の0）へ。

③ スイッチの出口（3階の3路の0）から負荷（2箇所のセの電灯）へ。

④ 3路－4路－3路を2本ずつの電線で配線する。

17 複雑な回路

● 電灯とパイロットランプの同時点滅回路

電灯とPL（パイロットランプ）が同時に点滅し，Ⓟは電灯の点滅状態を表示します。これを同時点滅といいます。

・スイッチをオンすると，Ⓡは点灯，同時にⓅも点灯する回路です。

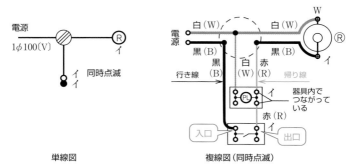

単線図　　　　　　　複線図（同時点滅）

図9：電灯とパイロットランプの同時点滅回路

ここがポイント　Ⓟと電灯Ⓡの同時点滅回路の複線図

① 電源からの白（W）線は，ⓇのW（受金ねじ部）とⓅに直接結線する（Ⓟに極性はない。白（W）はすべての負荷に直接結線する）。

② 電源からの黒（B）線は，スイッチの入口に結線する。

③ スイッチの出口からⓅとⓇに結線する（スイッチのイからⓅのイとⓇのイへ結線する）。

参考 スイッチの出口からの帰り線は，3心ケーブル（絶縁被覆の色は黒，白，赤）を使用した場合は，残りの赤（R）線を用います。

● 電灯とパイロットランプの異時点滅回路

電灯が消灯したとき，PL が点灯し，暗い場所でもスイッチの位置がわかるもので，これを異時点滅といいます。

- ・ ⒫は，スイッチと並列に入ります。
- ・ スイッチがオフのとき，負荷と⒫が直列接続となり，負荷を通して，⒫にわずかな電流が流れ⒫が点灯します。
- ・ スイッチがオンのとき⒫は短絡され，消灯します。

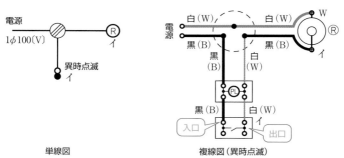

単線図　　　　　　　　複線図（異時点滅）

図 10：電灯とパイロットランプの異時点滅回路

ここが ポイント ⒫と電灯Ⓡの異時点滅回路の複線図

① 電源からの白（W）線は，ⒻのW（受金ねじ部）に直接結線する。

② 電源からの黒（B）線は，スイッチの入口に結線する。

③ スイッチの出口からⒻに結線する（イからイへ結線する）。

④ ⒫はスイッチと並列に結線する。

● パイロットランプの常時点灯回路

Ⓟが常時点灯する回路を常時点灯といいます。

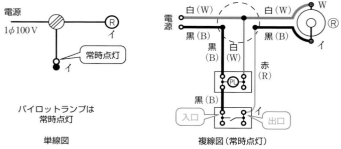

図11：パイロットランプの常時点灯回路

ここが
ポイント　**Ⓟが常時点灯回路の複線図**

① 電源からの白（W）線は，ⓇのW（受金ねじ部），Ⓟに直接結線する。

② 電源からの黒（B）線は，スイッチの入口とⓅに結線する。

③ スイッチの出口からⓇに結線する（イからイへ結線する）。

● パイロットランプの同時点滅とコンセントの複合回路

　㉛と®が同時に点滅する回路に，コンセントを加えた回路です。

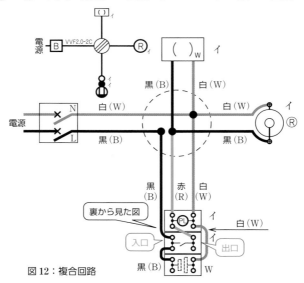

図 12：複合回路

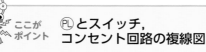

ここがポイント　㉛とスイッチ，コンセント回路の複線図

① 使用する配線器具 B ® [( )] ─◜─ ● ㉛ ジョイントボックスを描く。

② 電源からの白（W）線は，®の W（受金ねじ部），[( )] の W（接地側極），㉛，● の W（接地側極）に直接結線する（すべての負荷に白（W）を結線する）。

③ 電源からの黒（B）線は，スイッチの入口とコンセントの非接地側極に結線する。

④ スイッチの出口から㉛[( )]®に結線する（イからイへ結線する）

● ボックスと照明器具が一体化した単線図を複線図にする

図 13 のように，ボックスと照明器具を 1 つの器具として描いている場合は，図 14 のようにボックスと照明器具を分離して複線図を描きます。

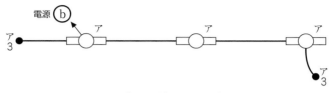

図 13：ボックス付照明器具の単線図

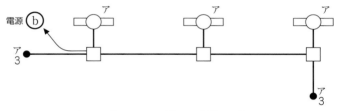

図 14：ボックスと照明器具を分離した単線図

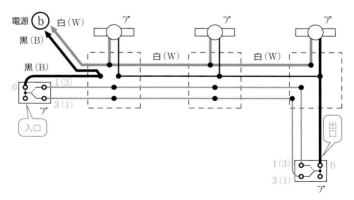

図 15：ボックスと照明器具が一体化しているときの複線図

ここが ポイント　ボックスと照明器具を分離して 複線図を描く

① 照明器具とボックスを分離した単線図（図 14）を描き，器具を配置する。

② 電源からの白（W）線は，各負荷に直接結線する。

③ 電源からの黒（B）線は，スイッチの入口（電源に近い方の 3 路スイッチの 0 番）に結線する。

④ スイッチの出口（もう 1 つの 3 路の 0 番）から各負荷に結線する（アからアへ結線する）。

⑤ 2 個の 3 路スイッチの 1 − 1 と 3 − 3（又は 1 − 3 と 3 − 1）を結線する。

● 複雑な回路の電線本数を調べる

　図 16 において ⑩ の最小電線本数を調べるときは，図 17 のようになるべく単純化します。

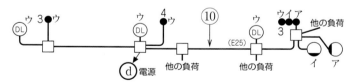

図 16：複雑な回路の電線本数を調べる

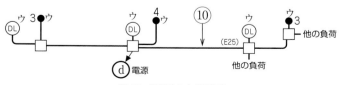

図 17：単純化した単線図

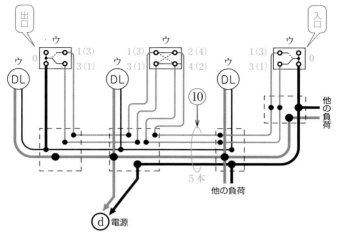

図 18：⑩の電線本数は？

**ここが
ポイント** **複雑な回路は単純化してから
複線図を描く**

① 電源からの白（W）線は，照明器具と他の負荷に結線する。

② 電源からの黒（B）線は，他の負荷とスイッチの入口（省
略した他の負荷のスイッチ側の3路の0番）に結線する。

③ スイッチの出口（もう1つの3路の0番）から3つのDL
に結線する。

④ 3路と4路スイッチの1－1と3－3（又は1－3と
3－1）及び4路と3路スイッチの2－1と4－3（又は
2－3と4－1）を結線する。

⑤ ⑩の電線本数を数える。

例題

図に示す一般的な低圧屋内配線の工事で，スイッチボックス部分の回路は。ただし，ⓐは電源からの非接地側電線（黒色），ⓑは電源からの接地側電線（白色）を示し，負荷には電源からの接地側電線が直接に結線されているものとする。なお，パイロットランプは100V用を使用する。

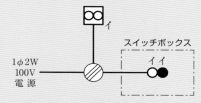

O は確認表示灯（パイロットランプ）を示す。

単線図

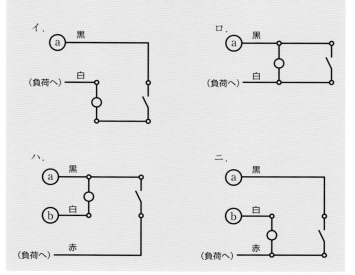

80

解答 ニ
解説 パイロットランプと換気扇を同時に「入」「切」する回路です。

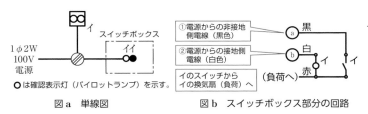

○ は確認表示灯（パイロットランプ）を示す。

図 a　単線図　　　　　　図 b　スイッチボックス部分の回路

単線図から複線図を描いたときのスイッチボックス部分の配線を選ぶ問題です。

問題の条件①，②，③に従い配線をすると，図 c のような複線図が得られます。これから，スイッチボックス部分の回路は，ニであることがわかります。

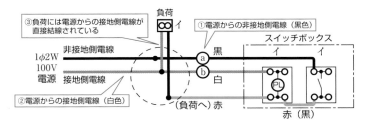

図 c　複線図

18 リングスリーブの 必要個数を調べる

● リングスリーブの必要個数を調べる①

　図 19 の⑲で示すジョイントボックス内で圧着接続する場合,
使用するリングスリーブの種類と最小個数を調べます。

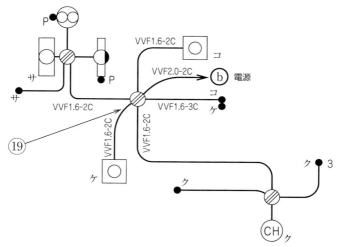

図 19：⑲のジョイントボックス内で必要なスリーブは？

　ⓑの分岐回路において図 20 のように, ジョイントボックス内の
接続に関係しない回路を除き, 図 21 のような複線図を描きます。

複線図の描き方

　①電源からの白（W）線は, 他の負荷と照明器具へ

　②電源からの黒（B）線は, 他の負荷とスイッチの入口へ

　③スイッチケの出口からケ, コの出口からコの器具へ

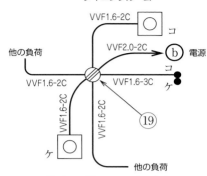

図 20：接続に関係しない回路を省略した図

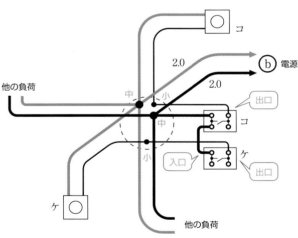

図 21：回路の複線図

　複線図から，⑲のジョイントボックス内で必要とするスリーブ
の種類と個数は，小スリーブ2個，中スリーブ2個となります。

```
1.6mm × 2 本
  → 小スリーブ  ○の刻印（2 箇所）
2.0mm × 1 本＋ 1.6mm × 3 本
  → 中スリーブ  中の刻印（1 箇所）
2.0mm × 1 本＋ 1.6mm × 4 本
  → 中スリーブ  中の刻印（1 箇所）
```

参考 2.0mm の電線を 1.6mm 2 本分で考える方法は，電線の本数が 1.6mm に換算して 6 本以内の場合に成り立ちます。

例 1）（2.0mm × 1 本＋ 1.6 × 3 本）の場合は，

　　　1.6mm が 2 ＋ 3 ＝ 5 本と考え，中スリーブを使用

例 2）（2.0mm × 1 本＋ 1.6 × 4 本）の場合は，

　　　1.6mm が 2 ＋ 4 ＝ 6 本と考え，中スリーブを使用

● リングスリーブの必要個数を調べる②

　図 22 のように，ジョイントボックスが照明器具と一体化しているときは，ジョイントボックスと照明器具を分離して図 23 のような複線図を描きます。

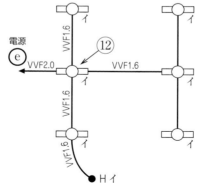

図 22：⑫のジョイントボックス内で必要なスリーブは？

複線図の描き方

①電源からの白（W）線は，すべての照明器具へ

②電源からの黒（B）線は，スイッチの入口へ

③スイッチイの出口からすべてのイへ

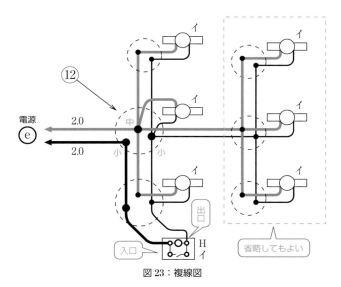

図 23：複線図

　複線図から， ⑫ のジョイントボックス内で必要なスリーブの
種類と個数は，小スリーブ 2 個，中スリーブ 1 個となります。

> 1.6mm × 4 本
> 　→小スリーブ　小の刻印（1 箇所）
> 2.0mm × 1 本＋ 1.6mm × 1 本
> 　→小スリーブ　小の刻印（1 箇所）
> 2.0mm × 1 本＋ 1.6mm × 4 本
> 　→中スリーブ　中の刻印（1 箇所）

ここが ポイント 電線の組合せ，種類，
圧着マークはセットで暗記！

表9：重要な電線の組合せとスリーブの種類

電線の組合せ	種類	圧着マーク
1.6mm × 2 本		○
1.6mm × 3 〜 4 本	小	小
2.0mm × 1 本 + 1.6mm × 1 本		
2.0mm × 1 本 + 1.6mm × 2 本		
2.0mm × 2 本		
2.0mm × 1 本 + 1.6mm × 3 本	中	中
2.0mm × 1 本 + 1.6mm × 4 本		
2.0mm × 2 本 + 1.6mm × 1 本		
2.0mm × 2 本 + 1.6mm × 2 本		
2.0mm × 3 本		
2.6mm × 3 本	大	大

※より線 2mm^2 は単線 1.6mm と同等とする。
　より線 3.5mm^2 は単線 2.0mm と同等とする。
　より線 5.5mm^2 は単線 2.6mm と同等とする。

<リングスリーブの数を調べる方法>
1.6mm ×（2 〜 4）本　→　小スリーブ
1.6mm ×（5 〜 6）本　→　中スリーブ
2.0mm は 1.6mm 2 本に換算

例題

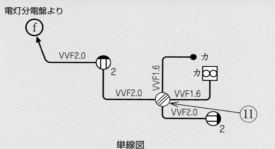

単線図

⑪で示す部分の接続工事をリングスリーブで圧着接続する場合のリングスリーブの種類，個数及び刻印の組合せで，正しいものは。ただし，写真に示すリングスリーブ中央の○，小，中は刻印を表す。

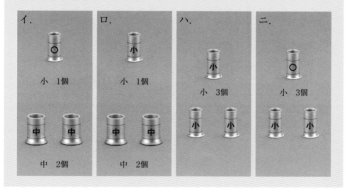

イ． ○ 小 1個 中 2個

ロ． 小 小 1個 中 2個

ハ． 小 小 3個 小 小

ニ． ○ 小 3個 小 小

解答 イ

解説 カの換気扇をカのスイッチで「入」「切」する回路と2箇所のコンセントに配線する回路です。

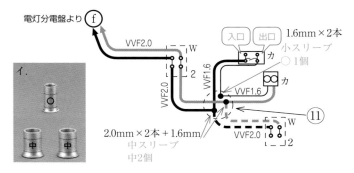

複線図

接続点をリングスリーブで圧着接続する場合のリングスリーブの種類と個数は，複線図から，1.6mm × 2 本（小スリーブで刻印は○）1 個，2.0mm × 2 本 + 1.6mm（中スリーブで刻印は中）2 個で，解答はイ．です。

・複線図を描く手順の例
換気扇をスイッチで「入」「切」する回路を配線し，2 箇所のコンセントの配線は後にします。

① 配線器具と換気扇を単線図の位置に配置します。
② 電源からの白（W）線は，換気扇に直接結線します（電源→コンセント→ジョイントボックス→換気扇）。
③ 電源からの黒（B）線は，スイッチの入口に結線します（電源→コンセント→ジョイントボックス→スイッチ）。
④ スイッチの出口からジョイントボックスを経由し換気扇に結線します（カのスイッチ→カの換気扇）。
⑤ コンセントに白（W）線と黒（B）線を結線します（点線の部分）。
⑥ ジョイントボックス内の接続点を黒丸で塗ります。
⑦ 1.6mm × 2 本：小スリーブで刻印○ 1 個，2.0mm × 2 本 + 1.6mm：中スリーブで刻印は中 2 個

第 3 章

電気工事の
施工方法,
検査方法

19 電線の接続

電線同士を接続する方法は，リングスリーブによる圧着接続，差込形コネクタによる接続方法が主に用いられます。

電線を接続する場合は，接続部分において電線の電気抵抗を増加させないように接続するほか，絶縁性能の低下及び通常の使用状態において，断線のおそれがないようにします。

リングスリーブによる圧着接続
（絶縁テープを巻く）

差込形コネクタによる接続

図1：電線の接続

ここが
ポイント **電線の接続条件**

- 電気抵抗を増加させない。

- 引張強さを 20% 以上減少させない。

- リングスリーブや差込形コネクタなどを使用，手巻きの場合はろう付けする。

- 1.6mm および 2.0mm の電線（絶縁被覆の厚さが0.8mm）の接続部分のテープ巻きの例

ビニルテープ（0.2mm 厚）：
　4 層以上，0.2 × 4 ＝ 0.8mm 厚
ポリエチレンテープ（0.5mm 厚）：
　2 層以上，0.5 × 2 ＝ 1.0mm 厚
自己融着性絶縁テープ（0.5mm 厚は，引っ張ると薄くなるので 0.3mm 厚とする）：
　2 層以上＋保護テープ（0.2mm 厚）2 層以上，
　0.3 × 2 ＋ 0.2 × 2 ＝ 1.0mm 厚
※電線の絶縁被覆の厚さ（0.8mm）以上になるようにする。
※半幅以上重ねて 1 回巻くと 2 層以上の厚さになる。

- コード接続器，ジョイントボックスなどを使用する。

3
章
電気工事の施工方法・検査方法

🔶 例題

　単相 100V の屋内配線工事における絶縁電線相互の接続で，**不適切なものは。**

イ．絶縁電線の絶縁物と同等以上の絶縁効力のあるもので十分被覆した。

ロ．電線の引張強さが 15% 減少した。

ハ．終端部を圧着接続するのにリングスリーブ E 形を使用した。

ニ．電線の電気抵抗が 10% 増加した。

解答 ニ

解説 イ，ロ，ハは適切，ニは不適切です。絶縁電線相互を接続するのは，次によります。

- 電線の電気抵抗を増加させないこと
- 電線の引張強さを 20% 以上減少させないこと
- 接続部分は，スリーブ，コネクタを用いる。手巻き接続の場合はろう付け（半田付け）をする。
- 接続部分は，絶縁電線の絶縁物と同等以上の絶縁効力のあるもので十分被覆する。

20 リングスリーブ（E形）の種類と圧着マーク

　リングスリーブとリングスリーブ用圧着工具は，JIS 適合品を使用します。リングスリーブと電線の組合せは，表1のように適正な選定を行います。

表1：リングスリーブ（E形）の最大使用電流及び使用可能な電線の組合せ例

種類	最大使用電流 A	電線の組合せ			異なる電線の組合せ	圧着マーク
		同一電線の場合				
		1.6mm	2.0mm	2.6mm		
小	20A	2本	—	—		○
		3〜4本	2本	—	2.0mm 1本と 1.6mm 1〜2本	小
中	30A	5〜6本	3〜4本	2本	2.0mm 1本と 1.6mm 3〜5本	中
					2.0mm 2本と 1.6mm 1〜3本	
					2.0mm 3本と 1.6mm 1本	
大	30A	7本	5本	3本	2.0mm 1本と 1.6mm 6本	大

ここが ポイント スリーブの種類と圧着マーク（刻印）

- スリーブの種類（大きさ）：1.6mm 2～4本は小スリーブ，1.6mm 5～6本は中スリーブ

- 圧着マーク（刻印）：1.6mm × 2本は○，1.6mm × 3～4本は小，1.6mm × 5～6本は中

$$\left(\begin{array}{l} 2.0 \times 1 + 1.6 \times 1 \text{ は小，} 2.0 \times 1 + 1.6 \times 2 \text{ は小} \\ 2.0 \times 1 + 1.6 \times 3 \text{ は中，} 2.0 \times 2 + 1.6 \times 1 \text{ は中} \end{array} \right)$$

※（ ）内では「mm」と「本」を省略している。
※上記の範囲では，2.0mm 1本は1.6mm 2本分と考えることができる。

◆ 例題　　　　　　　　　　　　　　　R1下・問19

　低圧屋内配線工事で，600V ビニル絶縁電線（軟銅線）をリングスリーブ用圧着工具とリングスリーブ（E形）を用いて終端接続を行った。接続する電線に適合するリングスリーブの種類と圧着マーク（刻印）の組合せで，不適切なものは。

イ．直径2.0mm 3本の接続に，中スリーブを使用して圧着マークを中にした。

ロ．直径1.6mm 3本の接続に，小スリーブを使用して圧着マークを小にした。

ハ．直径2.0mm 2本の接続に，中スリーブを使用して圧着マークを中にした。

ニ．直径1.6mm 1本と直径2.0mm 2本の接続に，中スリーブを使用して圧着マークを中にした。

解答 ハ

解説 直径2.0mm 2本の接続は，小スリーブを使用して圧着マークを小にしなければなりません。不適切なものは，ハ．です。

21 接地工事

図2のような接地用銅板や接地棒を用い大地と接続する工事を，接地工事といいます。接地工事の目的は，異常電圧の抑制や漏電による感電や火災のおそれがないようにするためで，A 種，B 種，C 種，D 種の 4 種類があります。

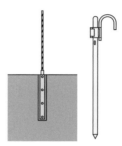

図2：接地用銅板と接地棒

表2：接地工事の種類

接地工事の種類	主な接地箇所	接地抵抗値		接地線の太さ
A 種接地工事	高圧機器の金属製外箱	10Ω 以下		2.6mm 以上
B 種接地工事	変圧器低圧側の 1 端子	$\dfrac{150}{1 線地絡電流}$ Ω 以下		
C 種接地工事	300V を超える低圧機器の金属製外箱	10Ω 以下	0.5 秒以内に動作する漏電遮断器を施設した場合は 500Ω 以下	1.6mm 以上
D 種接地工事	300V 以下の低圧機器の金属製外箱	100Ω 以下		

**ここが
ポイント** **D種接地工事の接地抵抗値と
接地線の太さ**

- 300V 以下の低圧機器は，D 種接地工事を施す。

- D 種接地工事の接地抵抗値は，100Ω 以下
  0.5 秒以内に動作する漏電遮断器があれば 500Ω 以下

- D 種接地工事の接地線太さは，1.6mm 以上

🔧 例題
H26下・問26

三相 200V，2.2kW の電動機の鉄台に施した接地工事の接
地抵抗値を測定し，接地線（軟銅線）の太さを検査した。接地
抵抗値及び接地線の太さ（直径）の組合せで，適切なものは。
ただし，電路には漏電遮断器が施設されていないものとする。

イ．50Ω　1.2mm
ロ．70Ω　2.0mm
ハ．150Ω　1.6mm
ニ．200Ω　2.6mm

解答 ロ

解説 三相 200V，2.2kW の電動機の鉄台に施す接地工事の種類は，D
種接地工事です。接地抵抗値は 100Ω 以下（漏電遮断器が施設されて
いない場合）。接地線（軟銅線）の太さは，直径 1.6mm 以上です。こ
の条件を満足するものは，ロ．70Ω，2.0mm です。

感電や火災などのおそれがない場合，D 種接地工事を省略できます。

ここがポイント　D 種接地工事を省略できる条件

- 対地電圧 150V 以下の機器を乾燥した場所に施設する場合

- 低圧の機械器具を乾燥した木製の床など，絶縁性の物の上で取り扱う場合（コンクリートの床は，水気のある場所の扱い）

- 二重絶縁構造の機械器具を施設するとき

- 絶縁変圧器（3kV・A 以下）を用いた機器

- 水気のある場所以外で，漏電遮断器（定格感度電流 15mA 以下，動作時間 0.1 秒以下）を施設する場合

- 乾燥した場所に施設した金属管（対地電圧が 200V の場合は 4m 以下，100V の場合は 8m 以下の場合）

例題

D種接地工事を**省略できないもの**は。

ただし，電路には定格感度電流 30mA 動作時間 0.1 秒の漏電遮断器が取り付けられているものとする。

イ．乾燥した場所に施設する三相 200 V 動力配線を収めた長さ 4m の金属管

ロ．乾燥したコンクリートの床に施設する三相 200 V ルームエアコンの金属製外箱部分

ハ．乾燥した木製の床の上で取り扱うように施設する三相 200 V 誘導電電動機の鉄台

ニ．乾燥した場所に施設する単相 3 線式 100/200V 配線を収めた長さ 8m の金属管

解答 ロ

解説 D種接地工事を省略できる主な項目は，次の場合です。

- 乾燥した場所に施設する対地電圧が 150 V 以下の機械器具の接地工事
- 乾燥した木製の床や絶縁性のものの上で取り扱う低圧の機械器具の接地工事（コンクリートの床は，水気のある場所の扱いをします）
- 二重絶縁構造の機械器具の接地
- 絶縁変圧器（3kV・A 以下）を用いた機械器具の接地工事
- 水気のある場所以外で漏電遮断器（定格感度電流 15mA 以下，動作時間 0.1 秒以下）を施設する場合
- 乾燥した場所に施設する金属管（対地電圧 200 V の回路は 4m 以下，対地電圧 100 V の回路は 8m 以下）の接地工事

　低圧屋内配線工事は，ケーブル工事，金属管工事，合成樹脂管工事などがあり，施設場所に適した工事を行います。

ここがポイント　工事の施工場所の制限と使用電線

- ケーブル工事はすべての場所で施工可能。重量物の圧力又は機械的衝撃を受けるおそれがある場所，危険物のある場所では，管その他の防護装置に収めて施設

- 金属管工事は，木造の引込口配線を除くすべての場所に施工可能

- 合成樹脂管（VE 管，PF 管）工事は，爆燃性粉じん，可燃性ガスのある場所を除くすべての場所に施工可能

- がいし引き工事は，点検できる場所に施工可能

- 金属ダクト工事は，点検できる乾燥した場所に施工可能

- ライティングダクト工事，金属線ぴ工事は，電圧 300 V 以下で，点検できる乾燥した場所で施工可能

- 屋内配線に用いる電線は，絶縁電線（OW 線を除く）を使用（金属管工事，金属可とう電線管工事，合成樹脂管工事，金属線ぴ工事，金属ダクト工事などにおいて）

例題　　　　　　　　　　　　　　　　　　H23上・問20

　湿気の多い展開した場所の単相3線式100/200V屋内配線工事として，**不適切なものは。**
　イ．合成樹脂管工事
　ロ．金属ダクト工事
　ハ．金属管工事
　ニ．ケーブル工事

解答 ロ

解説 金属ダクト工事は，乾燥した場所かつ展開した場所（露出した場所）又は点検できる隠ぺい場所で施設できます。

合成樹脂管工事，金属管工事，ケーブル工事は，施設場所の制限はありません（一部の場所を除く）。

参考 合成樹脂管工事：爆発の危険のある場所では禁止されています。

金属管工事：木造家屋の引込口配線は禁止されています。

ケーブル工事：重量物の圧力又は機械的衝撃を受けるおそれがある場所，危険物のある場所では管その他の防護装置に収めて施設します。

VVF，VVR，EM-EEF，CV などのケーブルを用いた工事
では，支持点間の距離，曲げ半径などが決められています。

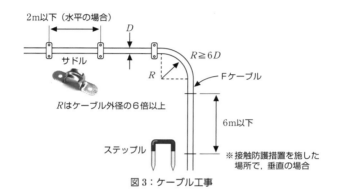

2m以下（水平の場合）

サドル

Rはケーブル外径の6倍以上

ステップル

D

$R \geqq 6D$

Fケーブル

6m以下

※接触防護措置を施した
場所で，垂直の場合

図3：ケーブル工事

ここが
ポイント **ケーブル工事の施工条件**

- ケーブルの支持点間の距離：下面，側面は **2m** 以下，接触
  防護措置を施した場所で，垂直に施設する場合は **6m** 以下

- ケーブルの曲げ半径：ケーブル外径の **6** 倍以上

- ケーブルは，ガス管や水道管，弱電流電線とは触れないよ
  うに施設する。

例題　H23下・問23，H18・問23

　　ケーブル工事による低圧屋内配線で，ケーブルがガス管と接近する場合の工事方法として，「電気設備の技術基準の解釈」にはどのように記述されているか。

　　イ．ガス管と接触しないように施設すること。

　　ロ．ガス管と接触してもよい。

　　ハ．ガス管との離隔距離を 10cm 以上とすること。

　　ニ．ガス管との離隔距離を 30cm 以上とすること。

解答 イ

解説 ケーブル工事による低圧屋内配線で，ケーブルがガス管と接近する場合の工事方法は，ガス管と接触しないように施設します。

25 地中直接埋設工事

　地中に電線路を直接埋設式により施設する場合，埋設深さやケーブルの保護法などが規定されています。

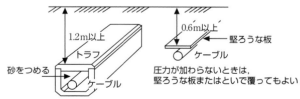

（a）重量物の圧力を受ける場合　　（b）重量物の圧力を受けない場合

図4：地中直接埋設工事

地中埋設工事の電線と埋設深さ

- 地中電線はケーブル（VVF，VVR，EM-EEF，CV など）を使用

- 車両その他重量物の圧力を受ける場所の埋設深さは 1.2m 以上，その他の場合は 0.6m 以上

- ケーブルは，トラフに収めて施設。重量物の圧力を受けない場合は，堅ろうな板又はといなどで覆ってもよい。

◆ 例題

　低圧の地中配線を直接埋設式により施設する場合に**使用できる電線**は。

　　イ．屋外用ビニル絶縁電線（OW）

　　ロ．600V 架橋ポリエチレン絶縁ビニルシースケーブル（CV）

　　ハ．引込用ビニル絶縁電線（DV）

　　ニ．600V ビニル絶縁電線（IV）

解答 ロ

解説 地中電線路には，ケーブルを使用します。ケーブルはロのみで，イ，ハ，ニは絶縁電線です。

26 金属管工事

金属管工事は，ねじなし電線管，薄鋼電線管，厚鋼電線管を使用する工事で，次のように施工します。

ここがポイント　金属管工事の施工法，電線，接地

＜施工場所＞
- すべての場所（木造の引込口配線を除く）に施工可能

＜電線と電磁的平衡，管の屈曲＞
- 電線は，より線又は直径 3.2mm 以下の単線であること
- 金属管内では，電線に接続点を設けないこと
- 1 回路の電線は，同一管内に収め電磁的平衡を保つこと
- 金属管の曲げ半径は，内側半径が管内径の 6 倍以上
- ボックス間を配管する金属管には，3 箇所を超える直角の屈曲箇所を設けないこと

＜使用電圧が 300V 以下の場合＞
- 金属管に D 種接地工事を施す。

（接地工事を省略できる場合）
- 管の長さが 4m 以下のものを乾燥した場所に施設する場合
- 対地電圧が 150V 以下の場合で 8m 以下のものに，簡易接触防護措置を施すとき又は乾燥した場所に施設するとき

＜使用電圧が 300V を超える場合＞
- C 種接地工事を施す。
- 接触防護措置を施す場合は，D 種接地工事にできる。

🔶 例題

電磁的不平衡を生じないように，電線を金属管に挿入する方法として，適切なものは。

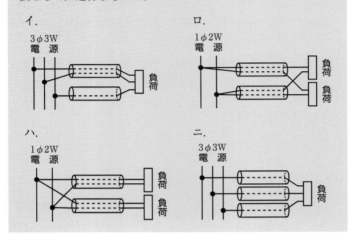

解答 ハ

解説 金属管工事では，1回路の全部の電線を同一の金属管に収め，電磁的平衡を保つ必要があります。（電磁的平衡を保ち合成磁束を0とすることで金属管の発熱を防止します。）

27 金属可とう電線管工事

主として2種金属製可とう電線管（プリカチューブ）による工事で，要点は一部を除き，金属管と同様です。

ここがポイント　金属可とう電線管工事の曲げ半径

- 管の内側曲げ半径は，管内径の **6** 倍以上
- 点検できる場所で，管の取り外しができる場所では，管内径の **3** 倍以上にできる。

例題

使用電圧 200V の電動機に接続する部分の金属可とう電線管工事として，不適切なものは。ただし，管は2種金属製可とう電線管を使用する。

- イ．管とボックスとの接続にストレートボックスコネクタを使用した。
- ロ．管の長さが6m であるので，電線管の D 種接地工事を省略した。
- ハ．管の内側の曲げ半径を管の内径の6倍以上とした。
- ニ．管と金属管（鋼製電線管）との接続にコンビネーションカップリングを使用した。

解答 ロ

解説 使用電圧が 300V 以下のとき，管に D 種接地工事を施さなければならない，ただし，長さが 4m 以下のものを乾燥した場所に施設する場合は省略できます。管の長さが 6m（4m を超えている）の場合は管の D 種接地工事を省略できないので，ロは不適切です。

28 合成樹脂管工事

合成樹脂管には,硬質塩化ビニル電線管(VE管),合成樹脂製可とう電線管(PF管,CD管)があります。

VE管工事,PF管工事は,すべての場所(爆燃性粉じんや可燃性ガスのある場所を除く)で施工できます。

CD管は,コンクリートに埋設して施設するための電線管です。

ここがポイント VE管及びPF管,CD管に関する施工法

< VE管工事 >
- 支持点間の距離は,1.5m以下
- VE管相互の接続における差込深さは,管外径の1.2倍(接着剤を使用する場合は0.8倍)以上

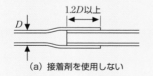
(a) 接着剤を使用しない

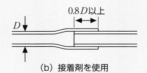
(b) 接着剤を使用

<管相互の接続>
- ボックス又はカップリングを使用し,直接接続は禁止(VE管は除く)されている。

<管の曲げ半径>
- 管内径の6倍以上

例題

硬質塩化ビニル電線管による合成樹脂管工事として，**不適切**なものは。

イ．管相互及び管とボックスとの接続で，接着剤を使用したので管の差し込み深さを管の外径の 0.5 倍とした。

ロ．管の直線部分はサドルを使用し，管を 1m 間隔で支持した。

ハ．湿気の多い場所に施設した管とボックスとの接続箇所に，防湿装置を施した。

ニ．三相 200 V 配線で，人が容易に触れるおそれがない場所に施設した管と接続する金属製プルボックスに，D 種接地工事を施した。

解答 イ

解説 硬質塩化ビニル電線管相互を直接接続する場合，差し込み深さは，管外径の 1.2 倍（接着剤を使用する場合は 0.8 倍）以上とします。サドルなどによる支持点間の距離は，1.5m 以下とします。

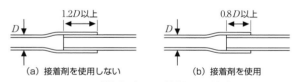

図：硬質塩化ビニル電線管相互の接続

29 金属線ぴ工事，金属ダクト工事，ライティングダクト工事，平形保護層工事

　金属線ぴ※は幅が 5cm 以下のものをいい，幅が 5cm を超えるものを金属ダクトといいます。

※一種金属製線ぴ（幅 4cm 未満）　　二種金属製線ぴ（幅 4cm 以上 5cm 以下）

ここがポイント　金属線ぴ，金属ダクト，ライティングダクト，平形保護層の各工事の施工法

＜金属線ぴ工事＞
- 展開した場所，点検できる隠ぺい場所で乾燥した場所に施工でき，使用電圧は 300V 以下
- 金属線ぴに D 種接地工事を施す。

（接地工事を省略できる場合）
- 線ぴの長さが 4m 以下，及び対地電圧が 150V 以下の場合で，線ぴの長さが 8m 以下のものに簡易接触防護措置を施すとき

＜金属ダクト工事＞
- 展開した場所，点検できる隠ぺい場所で乾燥した場所に施工でき，使用電圧は 600V 以下
- 電線の被覆を含む断面積の総和がダクトの内断面積の 20% 以下
- 支持点間の距離は 3m（取扱者以外の者が出入りできないように措置した場所において，垂直に取り付ける場合は 6m）以下

（接地工事）
- 使用電圧が 300V 以下の場合は，D 種接地工事を施す。
- 使用電圧が 300V を超える場合は，C 種接地工事を施す（接触防護措置を施す場合は，D 種接地工事にできる）。

<ライティングダクト工事>
- 展開した場所，点検できる隠ぺい場所で乾燥した場所に施工でき，使用電圧は 300 V 以下
- 支持点間距離は，2 m 以下，開口部は下向き，終端部は閉そくする。造営材を貫通して施設できない。
- 金属部分を被覆したダクトを使用する場合を除き，D種接地工事を施す。ただし，ダクトの長さが 4 m 以下（対地電圧 150 V 以下）の場合は省略可能
- ダクトの導体に電気を供給する電路には，漏電遮断器を施設する。ダクトに簡易接触防護措置を施す場合は省略可能

<平形保護層工事>
- 平形保護層工事（アンダーカーペット配線工事）は，タイルカーペットなどの下に施設する。
- 点検できる隠ぺい場所，乾燥した場所に施設できる。

🔹 **例題**　　　　　　　　　　　　　　H24下・問23, H23下・問21

使用電圧 100 V の屋内配線の施設場所による工事の種類として，**適切なもの**は。

イ．点検できない隠ぺい場所であって，乾燥した場所の金属線ぴ工事

ロ．点検できる隠ぺい場所であって，乾燥した場所のライティングダクト工事

ハ．点検できる隠ぺい場所であって，湿気の多い場所の金属ダクト工事

ニ．点検できる隠ぺい場所であって，湿気の多い場所の平形保護層工事

解答 □

解説 ライティングダクト工事，金属線ぴ工事，金属ダクト工事は，展開した場所（露出した場所），又は点検できる隠ぺい場所かつ乾燥した場所に施設できます。

平形保護層配線は，アンダーカーペット配線といい，タイルカーペットなどの下に施設する配線方法で，ビル室内の機器配線などに利用されます。点検できる隠ぺい場所で，乾燥した場所に施設できます。

30 ショウウィンドーなどの配線工事

　乾燥した場所のショウウィンドー又はショウケース内の使用電圧が 300V 以下の配線は，外部から見えやすい箇所に限り，コード又はキャブタイヤケーブルを施設できます。

ここがポイント　ショウウィンドー内の施工条件

- 電線は，$0.75\,\mathrm{mm}^2$ 以上のコードなど

- 取付点間の距離は $1\mathrm{m}$ 以下

- 低圧屋内配線との接続は，差込接続器などを使用

🔶 例題

100 V の低圧屋内配線に，ビニル平形コード（断面積 0.75 mm²）を絶縁性のある造営材に適当な留め具で取り付けて施設することができる場所又は箇所は。

　イ．乾燥した場所に施設し，かつ，内部を乾燥状態で使用するショウウィンドー内の外部から見えやすい箇所

　ロ．木造住宅の人の触れるおそれのない点検できる押し入れの壁面

　ハ．木造住宅の人の触れるおそれのない点検できる天井裏

　ニ．乾燥状態で使用する台所の床下収納庫

解答 イ

解説 ショウウィンドー又はショウケース内の低圧屋内配線を次のように施設する場合は，外部から見えやすい箇所に限り，コード又はキャブタイヤケーブルを造営材に接触して施設することができます。

- ・ 乾燥した場所に施設し，内部を乾燥した状態で使用
- ・ 使用電圧は，300 V 以下であること
- ・ 電線は，0.75 mm² 以上のコード又はキャブタイヤケーブルであること
- ・ 被覆を損傷しないように，1 m 以下の間隔で取り付けること
- ・ 低圧屋内配線との接続には，差込み接続器などを用いること
- ・ 電線には，器具の重量を支持させないこと

31 ネオン放電灯工事

ネオン放電灯を使用する工事は，簡易接触防護措置を施し，危険のおそれがないように施設します。

ここがポイント　ネオン放電灯工事の施工条件

＜分岐回路＞
- 15 A 分岐回路又は 20 A 配線用遮断器分岐回路で使用

＜管灯回路の配線＞
- 展開した場所又は点検できる隠ぺい場所に施設する。
- ネオン電線を使用し，がいし引き配線による。
- 電線の支持点間の距離は，1 m 以下
- 電線相互の間隔は，6 cm 以上

＜接地工事＞
- ネオン変圧器の外箱には，D 種接地工事を施す。

例題
H29下・問23

屋内の管灯回路の使用電圧が 1000 V を超えるネオン放電灯工事として，不適切なものは。ただし，接触防護措置が施してあるものとする。

イ．ネオン変圧器への 100 V 電源回路は，専用回路とし，20 A 配線用遮断器を設置した。

ロ．ネオン変圧器の二次側（管灯回路）の配線を，点検できる隠ぺい場所に施設した。

ハ．ネオン変圧器の二次側（管灯回路）の配線を，ネオン電線を使用し，がいし引き工事により施設し，電線の支持点間の距離を 2m とした。

ニ．ネオン変圧器の金属製外箱に D 種接地工事を施した。

解答 ハ

解説 ネオン変圧器の二次側（管灯回路）の配線は，ネオン電線を使用し，がいし引き工事により施設し，電線の支持点間の距離を 1m 以下にしなければならないので，2m は不適切です。

32 特殊場所の施設

特殊場所とは，粉じんの多い場所，可燃性ガス等の存在する場所，危険物等の存在する場所などです。

表 3：危険物のある特殊場所の工事

特殊場所の種類	対称物質	工事の種類
爆燃性粉じんの存在する場所	マグネシウム，アルミニウム等又は火薬類の粉末	金属管工事（薄鋼電線管以上の強度を有するもの）ケーブル工事*1
可燃性ガスの存在する場所	プロパンガス，シンナーやアルコールの蒸気	
可燃性粉じんの存在する場所	小麦粉，でん粉等	金属管工事（薄鋼電線管以上の強度を有するもの）ケーブル工事*1 合成樹脂管工事*2
危険物等の存在する場所	石油，セルロイド，マッチ等	

*1 キャブタイヤケーブルを除く。ケーブル（がい装を有するケーブル又は MI ケーブルを除く）は，管その他の防護装置に収める。

*2 CD 管，厚さ 2mm 未満の合成樹脂管を除く。

ここが ポイント 特殊な場所で施工できる工事種別

- 爆燃性粉じん，可燃性ガスの存在する場所：
  金属管工事，防護装置に収めたケーブル工事

- 可燃性粉じん，危険物の存在する場所：
  金属管工事，防護装置に収めたケーブル工事，
  合成樹脂管工事

◆ 例題　　　　　　　　　　　H24上・問20, H16・問21

石油類を貯蔵する場所における低圧屋内配線の工事の種類
で，**不適切なもの**は。

イ．損傷を受けるおそれのないように施設した合成樹脂管工事
　　（厚さ 2mm 未満の合成樹脂製電線管及び CD 管を除く）

ロ．薄鋼電線管を使用した金属管工事

ハ．MI ケーブルを使用したケーブル工事

ニ．600 V 架橋ポリエチレン絶縁ビニルシースケーブルを防
　　護装置に収めないで使用したケーブル工事

解答 ニ

解説 危険物等の存在する場所に施工できる工事は，金属管工事（薄鋼
電線管以上の強度を有する），合成樹脂管工事（厚さ 2mm 未満の合成
樹脂製電線管及び CD 管を除く），ケーブル工事です。

ケーブル工事は，鋼帯などのがい装を有するケーブル，又は MI ケー
ブルを除き，管その他の防護装置に収めて施設します。

33 小勢力回路の施設

　小勢力回路とは，電磁開閉器の操作回路又は呼鈴若しくは警報ベル等に接続する電路であって，最大使用電圧が 60 V 以下のものをいいます。

ここがポイント　小勢力回路の電圧と電線

- 使用電圧は，60 V 以下
- 使用電線は，直径 0.8 mm 以上の軟銅線又はケーブル

例題

H23上・問31

　小勢力回路で使用できる電圧の最大値〔V〕は。

イ．24
ロ．30
ハ．48
ニ．60

解答 ニ

解説 小勢力回路の電圧の最大値は 60 V です。
小勢力回路の電線を造営材に取り付けて施設する場合，電線はケーブル又は直径 0.8 mm 以上の電線を使用します。

34 引込線と引込口配線

⚡

架空引込線，引込口配線は，取り付け点の高さ，配線工事の種類が決められています。

ここが ポイント　引込線の取付点と引込口配線工事の種類

<引込線の取付点の高さ>

- 原則として 4m 以上。技術上やむを得ない場合で交通に支障がないときは 2.5m 以上

<引込口配線工事の種類>

- ケーブル工事（外装が金属製のケーブルは木造では禁止）
- 合成樹脂管工事
- がいし引き工事（展開した場所）
- 金属管工事（木造は禁止）

⚡ 例題

H24下・問40，H22・問31，H18・問31

引込線取付点の地表上の高さの最低値〔m〕は。

ただし，技術上やむを得ない場合で交通に支障がない場合とする。

　イ . 2.5　　　ロ . 3.0　　　ハ . 3.5　　　ニ . 4.0

解答 イ

解説 引込線取付点の高さは，原則 4m 以上ですが，技術上やむを得ない場合で交通に支障がない場合は，2.5m 以上にできます。

35 引込口における開閉器と屋外配線の施設

図5のように，低圧屋内電路には，引込口に近い箇所で，容易に開閉することができる箇所に開閉器（普通は過電流遮断器と兼ねる）①，②を施設します。

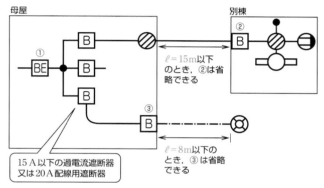

図5：引込口開閉器と屋外配線の施設

庭園灯などの屋側配線又は屋外配線には，専用の開閉器（過電流遮断器を兼用）③を施設します。

屋内電路用の過電流遮断器の定格電流が15A（配線用遮断器にあっては20A）以下のときは，ℓが15m以下の②，ℓが8m以下の③の開閉器及び過電流遮断器を屋内用のものと兼用できます。

ここがポイント　引込口と屋外配線の開閉器の省略条件

- 図5の引込開閉器（過電流遮断器）②は，ℓ が **15m** 以下のときは省略可能
- 図5の③の開閉器（過電流遮断器）は，ℓ が **8m** 以下のときは省略可能

🔶 例題　　　　　　　　　　　H24上・問35, H23下・問37

定格電流 20A の配線用遮断器で保護されている住宅の低圧屋内配線から別棟の倉庫に配線をする場合，倉庫の引込口に開閉器が省略できないのは，住宅と倉庫の間の電路の長さが何メートルを超える場合か。

イ．8
ロ．10
ハ．15
ニ．20

解答 ハ

解説 低圧屋内電路には，各建物の引込口に近い箇所に引込開閉器を施設します。

倉庫の引込口の開閉器が省略できないのは，住宅と倉庫の間の電路の長さが **15m** を超える場合です。

36 メタルラス張り等の木造造営物における施設 ⚡

メタルラス張り，ワイヤラス張り又は金属板張りの造営材を貫通する金属管やケーブルなどの施設方法は，次のようにします。

ここがポイント　メタルラス張り等との絶縁

メタルラス，ワイヤラス，金属板を十分に切り開き，耐久性のある絶縁管などを用い，メタルラス等と電気的に接続しないようにする。

🔶 **例題**　　　　　　　　　　　　　　　　　H30下・問20

木造住宅の金属板張り（金属系サイディング）の壁を貫通する部分の低圧屋内配線工事として，適切なものは。ただし，金属管工事，金属可とう電線管工事に使用する電線は，600V ビニル絶縁電線とする。

イ．ケーブル工事とし，壁の金属板張りを十分に切り開き，600V ビニル絶縁ビニルシースケーブルを合成樹脂管に収めて電気的に絶縁し，貫通施工した。

ロ．金属管工事とし，壁に小径の穴を開け，金属板張りと金属管とを接触させ金属管を貫通施工した。

ハ．金属可とう電線管工事とし，壁の金属板張りを十分に切り開き，金属製可とう電線管を壁と電気的に接続し，貫通施工した。

ニ．金属管工事とし，壁の金属板張りと電気的に完全に接続された金属管に D 種接地工事を施し，貫通施工した。

解答 イ

解説「メタルラス張り等の木造造営物における施設」により，「金属管工事，金属可とう電線管工事，ケーブル工事により施設する電線が，金属板張りの造営材を貫通する場合は，その部分の金属板を十分に切り開き，かつ，その部分の金属管，可とう電線管又はケーブルに，耐久性のある絶縁管をはめる，又は耐久性のある絶縁テープを巻くことにより，金属板と電気的に接続しないように施設すること。」のように定められています。したがって，イ. が適切です。

37 指示電気計器の種類

指示電気計器は，可動素子による指針の振れを目盛りから読み取る計器で，表は動作原理により分類したものです。

表 4：指示電気計器の動作原理と記号

動作原理	記号	使用回路	説明
永久磁石可動コイル形		直流	永久磁石内のコイル電流の回転による。
可動鉄片形		主に交流	鉄片の磁化力による回転力による。
電流力計形		交流直流	2コイルの電流力による回転力による。
整流形		交流	交流を直流に変換し，可動コイル形計器で指示する。
誘導形		交流	アルミニウムの円板内の移動磁界によって生じる電流による回転力による。

表 5：置き方の記号

置き方	記号	説明
鉛直（垂直）		垂直に置く又は取り付ける
水平		水平に置いて使用

ここがポイント 計器の動作原理と図記号

⊓ ：永久磁石可動コイル形（直流用）

⫯ ：可動鉄片形（主に交流用）

⊟ ：電流力計形（交流・直流両用）

→⊓ ：整流形（交流用）

⊙ ：誘導形（交流用）

✦ 例題

H23上・問25, H18・問26, H15・問26

電気計器の目盛板に図のような記号があった。記号の意味として，正しいものは。

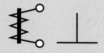

イ．誘導形で目盛板を水平に置いて使用する。

ロ．整流形で目盛板を鉛直に立てて使用する。

ハ．可動鉄片形で目盛板を鉛直に立てて使用する。

ニ．可動鉄片形で目盛板を水平に置いて使用する。

解答 ハ

解説 ⫯ ：可動鉄片形の記号 　⊥ ：鉛直（垂直）使用の記号

電圧計は電圧を測定する端子間に接続し，電流計は電流が流れる負荷と直列に接続します。電力計は，電圧コイルを負荷と並列に，電流コイルを負荷と直列に接続します。

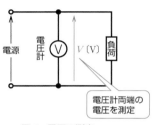

図6：電圧の測定

図7：電流の測定

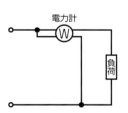

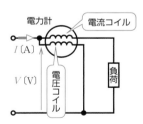

電力計は電圧 V〔V〕と電流 I〔A〕を測定し，
直流の場合は VI〔W〕を，交流の場合は $VI\cos\theta$〔W〕を指示する。

図8：電力の測定

ここがポイント **計器の接続方法**

- 電圧計は負荷と並列に，電流計は負荷と直列に接続する。
- 電力計は負荷の電圧と電流を測定し，電力を指示する。

例題
H24下・問27, H22・問24, H19・問26

図の交流回路は，負荷の電圧，電流，電力を測定する回路である。図中にa，b，cで示す計器の組合せとして，正しいものは。

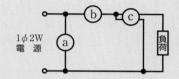

1φ2W
電源

負荷

イ．a 電流計　b 電圧計　c 電力計
ロ．a 電力計　b 電流計　c 電圧計
ハ．a 電力計　b 電圧計　c 電流計
ニ．a 電圧計　b 電流計　c 電力計

解答 ニ

解説 aは電圧計，bは電流計，cは電力計です。
電流計は負荷と直列に，電圧計は負荷と並列に接続します。電力計は電流コイルを負荷と直列に，電圧コイルを負荷と並列に接続します。

39 変流器

交流の大きな電流を測定する場合，変流器を用いて小さな電流に変成し，一般の指示電気計器を用いて測定します。

変流器の一次，二次巻線の巻数を N_1，N_2，電流を I_1〔A〕，I_2〔A〕とするとき，次の関係があります。

$$N_1 \ I_1 = N_2 \ I_2$$

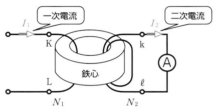

一次電流 I_1 により鉄心内に磁束を生じ，磁束の大きさに応じて二次電流 I_2 が流れる。

図 9：変流器の原理

この式を変形すると，$\dfrac{I_1}{I_2} = \dfrac{N_2}{N_1} = K$であり，$K$ を変流比（へんりゅうひ）といいます。一次電流 I_1 は，次式となります。

$$I_1 = KI_2 \quad （一次電流＝変流比×二次電流）$$

又，一次電流が流れているときに二次側を開放すると，鉄心内の磁束が飽和するため，危険です。

ここがポイント **一次電流の計算，二次側を開放しない**

- 一次電流＝変流比×二次電流

- 一次電流を流した状態で，二次側を開放してはいけない。

章 電気工事の施工方法・検査方法

🔧 例題

H19・問27

測定に関する機器の取扱いで，**誤っているもの**は。

イ．変流器（CT）を使用した回路で通電中に電流計を取り替える際に，先に電流計を取り外してから変流器の二次側を短絡した。

ロ．電力を求めるために電圧計，電流計及び力率計を使用した。

ハ．回路の導通を確認するため，回路計を用いた。

ニ．電路と大地間の絶縁抵抗を測定するため，絶縁抵抗計のL端子を電路側に，E端子を接地側に接続した。

解答 イ

解説 変流器（CT）を使用した回路で通電中に電流計を取り替える場合は，先に変流器の二次側を短絡してから電流計を取り外します。

変流器は，通電中に二次側を開放してはいけません（通電中に二次側を開放すると，二次側に高電圧が発生する，鉄損による発熱を生じるなどの弊害を生じます）。

40 クランプメータ

クランプメータのクランプ部は変流器で，変流器を貫通する電線に流れる電流 I 〔A〕を測定します（図 10）。漏れ電流 I_g 〔A〕を測定するには，1 回路の全電線を変流器に通します（図 11）。

I〔A〕

図 10：線路電流の測定

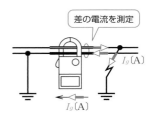

差の電流を測定

I_g〔A〕

I_g〔A〕

図 11：漏れ電流 I_g（地絡電流）の測定

単相3線式
三相3線式

ここが
ポイント

クランプに電線を挟み込んで電流値を測定

- 線路電流を測定：測定電流を変流器に貫通させて電流値を測定

- 漏れ電流の測定：1 回路の全電線を変流器に貫通させて漏れ電流を測定

🔷 例題

単相3線式回路の漏れ電流を，クランプ形漏れ電流計を用いて測定する場合の測定方法として，**正しいものは**。

ただし， ═══ は中性線を示す。

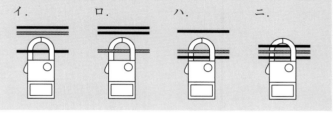

イ．　　　　ロ．　　　　ハ．　　　　ニ．

解答 ニ

解説 クランプ形漏れ電流計を用いて，漏れ電流を測定するには，すべての電線（3線）をクランプ（変流器）に通します。

イは，クランプメータによって，電線に流れる電流を測定するものです。ロは，中性線の電流を測定するものです。

低圧電路の電線相互間及び電路と大地との間の絶縁抵抗は，分岐回路ごとに表の値以上が必要です。

又，測定が困難な場合は，漏えい電流が 1mA 以下であればよいことになっています。

表 6：低圧電路の絶縁抵抗値

電路の使用電圧の区分		絶縁抵抗値
300V 以下	対地電圧が 150V 以下	0.1MΩ 以上
	大地電圧が 150V を超える場合	0.2MΩ 以上
300V を超えるもの		0.4MΩ 以上

電線相互間は図 12，電線と大地間は図 13 のように測定します。

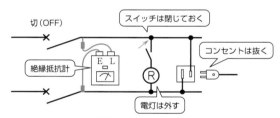

図 12：電線相互間の絶縁抵抗の測定

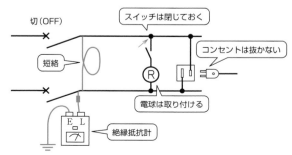

図 13：電路と大地間との絶縁抵抗の測定

ここが ポイント 使用電圧による絶縁抵抗の 最小値と測定方法

- 単相 100/200V 回路：0.1MΩ

- 三相 200V 回路　　　：0.2MΩ

- 400V 回路　　　　　：0.4MΩ

- 漏えい電流は，1mA 以下

- 電線相互間は，負荷を外し，スイッチを閉じて測定

- 大地間の値は，負荷を接続，スイッチを閉じて測定

例題

H23上・問26

　次表は，電気使用場所の開閉器又は過電流遮断器で区切られる低圧電路の絶縁抵抗の最小値についての表である。

　A・B・Cの空欄にあてはまる数値の組合せとして，正しいものは。

電路の使用電圧の区分		絶縁抵抗値
300V 以下	対地電圧 150V 以下の場合	A MΩ
	その他の場合	B MΩ
300V を超えるもの		C MΩ

イ．A 0.1　B 0.2　C 0.4　　　ロ．A 0.1　B 0.3　C 0.5
ハ．A 0.2　B 0.3　C 0.4　　　ニ．A 0.2　B 0.4　C 0.6

解答 イ

解説 使用電圧による絶縁抵抗の最小値は，次のようになります。

- 単相 100/200V 回路：0.1MΩ
- 三相 200V 回路　　　：0.2MΩ
- 400V 回路　　　　　：0.4MΩ

よって，A は 0.1MΩ，B は 0.2MΩ，C は 0.4MΩ となります。

42 接地抵抗の測定

接地抵抗計（アーステスタ）で接地抵抗を測定するときは，図14のように被測定接地極と2つの補助接地極PとCを10m程度ずつ離して，ほぼ一直線に配置します。E端子に測定する接地極，PとC端子は，補助接地極に接続して測定します。

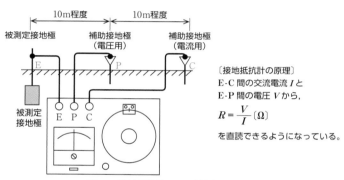

〔接地抵抗計の原理〕
E-C間の交流電流Iと
E-P間の電圧Vから，

$$R = \frac{V}{I} \, [\Omega]$$

を直読できるようになっている。

図14：接地抵抗計による接地抵抗の測定

ここがポイント　接地抵抗計の使い方

接地極と補助接地極の配置は，E，P，Cの順にほぼ一直線に10m程度離し，接地抵抗を測定

例題 H23下・問24, H20・問26

　直読式接地抵抗計を用いて，接地抵抗を測定する場合，被測定接地極 E に対する，2 つの補助接地極 P（電圧用）及び C（電流用）の配置として，**適切なもの**は。

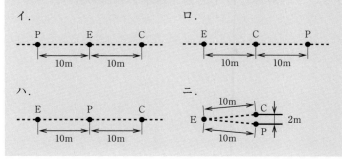

イ.

P　　　　　E　　　　　C

←10m→　←10m→

ロ.

E　　　　　C　　　　　P

←10m→　←10m→

ハ.

E　　　　　P　　　　　C

←10m→　←10m→

ニ.

解答 ハ

解説

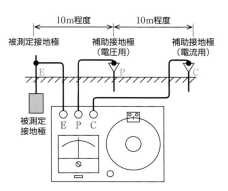

被測定接地極 E に対する，2 つの補助接地極 P（電圧用）及び C（電流用）の配置は，図のように一直線に E，P，C の順にします。

参考 接地抵抗計は，E-C 間に交流電流を流し，E-P 間の電圧を測定します。電圧と電流の比から接地抵抗を直接測定できるようになっています。

43 竣工検査

電気工作物が完成したとき，次の順序で竣工検査を行います。
目視で配線図どおりに施工されているかを点検し，次に絶縁抵抗値と接地抵抗値を測定して規定値を確保しているかを試験し，導通試験などの回路チェックを行います。なお，②と③は，どちらが先でも大丈夫です。

①目視点検：引込線の点検，分電盤の点検，配線状況と電気機器の施設状況，接地工事の施設状況，その他
②絶縁抵抗の測定：屋内配線の分岐回路ごとに絶縁抵抗を測定し，規定値以上の抵抗値であることを確認
③接地抵抗の測定：接地抵抗を測定し，規定値以下になっているかを確認
④導通試験：結線の誤り，配線器具の結線などをテスタで調査

ここがポイント　竣工検査の手順

①目視点検　　　②絶縁抵抗測定

③接地抵抗測定　④導通試験

例題

H23下・問25, H16・問23

　一般用電気工作物の低圧屋内配線のしゅん工検査をする場合，一般に行われていないものは。

イ．目視点検
ロ．絶縁抵抗測定
ハ．接地抵抗測定
ニ．屋内配線の導体抵抗測定

解答 ニ

解説 一般用電気工作物の低圧屋内配線のしゅん工検査をする場合，次の検査を行います。

①目視点検，②絶縁抵抗測定，③接地抵抗測定，④導通試験

したがって，屋内配線の導体抵抗測定は行いません。

第 **4** 章

法令

住宅の屋内電路は，原則として単相 $100/200\,\mathrm{V}$ ですが，消費電力が $2\,\mathrm{kW}$ 以上の大きな負荷は，三相 $200\,\mathrm{V}$ を使用できます。三相の $200\,\mathrm{V}$ を使用する場合は，各種の条件があります。

ここが ポイント　対地電圧の制限

- 住宅の屋内電路の対地電圧：$150\,\mathrm{V}$ 以下

- 消費電力が $2\,\mathrm{kW}$ 以上の機械器具：対地電圧を $300\,\mathrm{V}$ 以下にできる（三相 $200\,\mathrm{V}$ を使用できる）。

＜三相 $200\,\mathrm{V}$ を使用する場合の条件＞
- 屋内配線及び電気機械器具には，簡易接触防護措置を施す。
- 屋内配線と直接接続する（コンセントは使用できない）。
- 専用の開閉器及び過電流遮断器を施設する。
- 電気を供給する電路には漏電遮断器を施設する（一般には，専用の過電流保護機能付きの漏電遮断器を施設する）。

例題
H23上・問29, H16・問28

特別な場合を除き，住宅の屋内電路に使用できる対地電圧の最大値〔V〕は。

イ．100 　　　　ロ．150 　　　　ハ．200 　　　　ニ．250

解答 ロ

解説 住宅の屋内電路の対地電圧は，$150\,\mathrm{V}$ 以下に制限されています。

参考 電気機械器具の定格消費電力が $2\,\mathrm{kW}$ 以上で，上記の条件により施設する場合は，対地電圧を $300\,\mathrm{V}$ 以下にできます。

45 電動機の過負荷保護

屋内に施設する電動機には，過電流による焼損により火災が発生するおそれがないよう，過負荷保護装置（モータブレーカ，サーマルリレーなど）又は警報装置を施設します。ただし，次の場合は省略できます。

ここがポイント　電動機の過負荷保護装置などの省略条件

- 電動機を運転中，常時，取扱者が監視できる場合

- 電動機を焼損する過電流が生じるおそれがない場合

- 電動機が単相で，過電流遮断器の定格電流が 15A（配線用遮断器にあっては 20A）以下の場合

- 電動機の出力が 0.2kW 以下の場合

例題

低圧電動機を屋内に施設するときの施工方法で，過負荷保護装置を省略できない場合は。ただし，過負荷に対する警報装置は設置していないものとする。

イ．電動機を運転中，常時，取扱者が監視できる場合

ロ．電源側電路に定格 15A の過電流遮断器が設置されている電路に単相誘導電動機を設置する場合

ハ．三相誘導電動機の定格出力が 0.75kW の場合

ニ．電動機の負荷の性質上，過負荷となるおそれがない場合

解答 ハ　　**解説** 過負荷保護装置を省略できるのは，出力が 0.2kW 以下の電動機です。

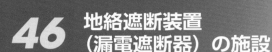

46 地絡遮断装置 (漏電遮断器) の施設

金属製外箱を有する使用電圧が 60 V を超える低圧の機械器具に接続する電路には，漏電遮断器を施設しなければなりません。ただし，次の場合は省略できます。

ここがポイント **漏電遮断器の省略条件**

- 機械器具に簡易接触防護措置を施す場合

- 機械器具を乾燥した場所に施設する場合

- 対地電圧 150 V 以下の機械器具を水気のある場所以外の場所に施設する場合

- 機械器具に施された C 種接地工事又は D 種接地工事の接地抵抗値が 3Ω 以下の場合

- 電気用品安全法の適用を受ける二重絶縁構造の機械器具を施設する場合

🔷 例題

　低圧の機械器具に簡易接触防護措置を施してない（人が容易に触れるおそれがある）場合，それに電気を供給する電路に漏電遮断器の取り付けが**省略できるもの**は。

　　イ．100V ルームエアコンの屋外機を水気のある場所に施設し，その金属製外箱の接地抵抗値が 100Ω であった。

　　ロ．100V の電気洗濯機を水気のある場所に設置し，その金属製外箱の接地抵抗値が 80Ω であった。

　　ハ．電気用品安全法の適用を受ける二重絶縁構造の機械器具を屋外に施設した。

　　ニ．工場で 200V の三相誘導電動機を湿気のある場所に施設し，その鉄台の接地抵抗値が 10Ω であった。

解答 ハ

解説

・ 電気用品安全法の適用を受ける二重絶縁構造の機械器具を施設する場合は，漏電遮断器の取り付けが省略できるので，ハが答えとなります。

・ 機械器具の対地電圧が 150V 以下の場合，水気のある場所では漏電遮断器の省略ができないので，イ．ロ．の記述の内容で漏電遮断器の省略はできません。

・ 漏電遮断器を省略できるのは，機械器具に施された D 種接地工事の接地抵抗値が 3Ω 以下の場合です，したがってニ．は，漏電遮断器を省略できません。

電気事業法は，電気工作物の工事，維持及び運用を規制することによって，公共の安全を確保し，環境の保全を図ることを目的としています。

● 電気工作物の区分と一般用電気工作物の保安体制

電気工作物は，一般用電気工作物（住宅などの小規模需要設備）と事業用電気工作物に区分されます。事業用電気工作物は，さらに電気事業用電気工作物と自家用電気工作物に区分されます。

一般用電気工作物は，所有者が電気工作物を維持，管理することは困難なので，電線路維持運用者が技術基準（電技）に適合しているかを，電気工作物が設置されたとき，変更の工事が完成したとき及び4年に1回以上（登録点検業務受託法人が点検業務を受託している電気工作物の場合は，5年に1回以上）調査する義務を課しています。

● 一般用電気工作物とは

一般用電気工作物とその調査について，次のように決められています。

ここがポイント　一般用電気工作物とその調査

＜一般用電気工作物＞
- 低圧（600 V 以下）で受電するもの
- 小規模発電設備を有するもの（表 1）

表1：小規模発電設備の種類と適用範囲

	発電設備の種類	適用範囲（600 V 以下）
1	太陽電池発電設備	出力 50kW 未満のもの *
2	風力発電設備	出力 20kW 未満のもの *
3	水力発電設備	出力 20kW 未満，かつダム・堰を有さない，かつ最大使用水量 1m³/s 未満のもの
4	内燃力発電設備	出力 10kW 未満の内燃力を原動力とする火力発電設備
5	燃料電池発電設備	・出力 10kW 未満のもの ・自動車に設置される出力 10kW 未満のもの
6	スターリングエンジンによる発電設備で出力 10kW 未満のもの	
7	上記の組合せ	合計出力 50kW 未満のもの

* 太陽電池発電設備（10kW 以上 50kW 未満），風力発電設備（20kW 未満）は「小規模事業用電気工作物」となり，規制が強化された（令和 5 年 3 月施行）。

- 電線路維持運用者が 4 年に 1 回以上，「電技」適合の調査を実施。受託電気工作物にあっては，5 年に 1 回以上

● **自家用電気工作物とは**

自家用電気工作物には，次のものがあります。

ここがポイント 自家用電気工作物の種類

- 高圧，特別高圧で受電するもの

- 小規模発電設備を除く発電設備を有するもの

- 構外にわたる電線路を有するもの

- 火薬類を製造する事業場，石炭坑の電気工作物

◆ 例題

一般用電気工作物の適用を受けるものは。

ただし，いずれも1構内に設置するものとする。

イ．低圧受電で，受電電力 40kW 出力 15kW の太陽電池発
電設備を備えた幼稚園

ロ．高圧受電で，受電電力 65kW の機械工場

ハ．低圧受電で，受電電力 35kW 出力 15kW の非常用内燃
力発電設備を備えた映画館

ニ．高圧受電で，受電電力 40kW のコンビニエンスストア

解答 イ

解説 一般用電気工作物の適用を受けるものは，イの「低圧受電で，受
電電力 40kW，出力 15kW の太陽電池発電設備を備えた幼稚園」で
す。

ロとニの高圧で受電するものは，自家用電気工作物です。

小規模発電設備に該当するものは，太陽電池発電設備は 50kW 未満，
内燃力発電設備は 10kW 未満です。出力 15kW の非常用内燃力発電設
備を備えた映画館は，自家用電気工作物になります。

48 電気工事士法

電気工事士法は，電気工事の作業に従事する者の資格及び義務を定め，電気工事の欠陥による災害の発生の防止に寄与することを目的としています。

● 電気工事士の資格と作業範囲及び義務

電気工事の作業に従事する者の資格と電気工作物の作業範囲は，表2のように定められています。

表2：電気工事の作業に従事する者の資格と作業範囲（○は工事ができる範囲）

	一般用電気工作物等	自家用電気工作物，500kW 未満の需要設備	
		簡易電気工事	特殊電気工事
第二種電気工事士	○		
第一種電気工事士	○	○	○
認定電気工事従事者		○	
特種電気工事資格者			○

・簡易電気工事：自家用電気工作物のうち低圧（600V 以下）部の電気工事
・特種電気工事資格者：自家用電気工作物の特殊電気工事（ネオン工事と非常用予備発電装置工事）については，特種電気工事資格者という認定証が必要

ここがポイント 電気工事士の義務

・電気設備技術基準に適合した作業を行う。

・作業に従事するときは，電気工事士免状を携帯する。

・都道府県知事から工事内容に関して報告を求められた場合は，報告しなければならない。

・電気用品安全法の適用を受ける品目は，表示のあるものを使用しなければならない。

● 電気工事士免状の交付等

　電気工事士免状の交付，再交付，書き換えに関しては，次のようになっています。

ここがポイント　免状の交付と書き換え

- 免状の交付，再交付及び返納命令は，都道府県知事が行う。

- 氏名を変更した場合は都道府県知事に書き換えを申請する。

● 電気工事士でなければできない作業

　電気工事士が行う主な作業は，次の通りです。

ここがポイント　電気工事士が行う作業

- 電線相互の接続作業

- がいしに電線を取り付ける，取り外す作業

- 電線を造営材などに取り付ける，取り外す作業

- 電線管，線ぴ，ダクトなどに電線を収める作業

- 配線器具を造営材などに取り付ける，取り外す，又はこれに電線を接続する作業

- 電線管を曲げる，ねじを切る，電線管相互の接続，電線管とボックスなどを接続する作業

- 金属製のボックスを造営材に取り付ける，取り外す作業

- 電線，電線管，線ぴ，ダクトなどが造営材を貫通する部分に金属製の防護装置を取り付ける，取り外す作業

- 金属製の電線管，線ぴ，ダクト及びこれらの付属品を建造物のメタルラス張り，ワイヤラス張り又は金属板張りの部分に取り付ける，取り外す作業

- 配電盤を造営材に取り付ける，取り外す作業

- 一般用電気工作物（電気機器を除く）に接地棒を取り付ける，取り外す作業

- 接地極を地面に埋設する作業

● 電気工事士でなくてもできる軽微な工事

　保安上支障がない工事として，資格がなくても行うことができる軽微な電気工事は，次のとおりです。

ここがポイント　工事士でなくてもできる軽微な工事，作業

- 接続器又は開閉器にコードやキャブタイヤケーブルを接続する工事

- 電気機器や蓄電池の端子に電線をねじ止めする工事

- 電力量計，電流制限器又はヒューズを取り付ける，取り外す工事

- 電鈴，インターホン，火災感知器，豆電球などの施設に使用する小型変圧器（二次電圧が 36 V 以下）の二次側の配線工事

- 電線を支持する柱，腕木などの設置又は変更する工事

- 地中電線用の暗きょ又は管を設置又は変更する工事

- 露出型点滅器，露出型コンセントを取り替える作業

- 金属製以外（合成樹脂製など）のボックスや防護装置の取り付け，取り外しの作業
- 600 V 以下の電気機器に接地線を取り付ける，取り外す作業

例題

　電気工事士法において，一般用電気工作物の工事又は作業で，a，bとも電気工事士でなければできないものは。

　イ．a：電力量計を取り付ける。

　　　　b：電動機の端子にキャブタイヤケーブルをねじ止めする。

　ロ．a：インターホンに使用する小型変圧器（二次電圧が 24 V）の二次側の配線工事をする。

　　　　b：配電盤を造営材に取り付ける。

　ハ．a：電線管にねじを切る。

　　　　b：アウトレットボックスを造営材に取り付ける。

　ニ．a：金属製の電線管をワイヤラス張り壁の貫通部分に取り付ける。

　　　　b：地中電線用の暗きょを設置する。

解答 ハ

解説 ロの b，ハ（正解）の a と b，ニの a は，電気工事士が行う作業です。

- 配電盤を造営材に取り付ける。
- 電線管にねじを切る。
- アウトレットボックスを造営材に取り付ける。
- 金属製の電線管をワイヤラス張り壁の貫通部分に取り付ける。

イの a と b，ロの a，ニの b は，電気工事士でなくても工事又は作業ができます。

49 電気工事業法
（電気工事業の業務の適正化に関する法律）

電気工事業法は，電気工事業を営む者の登録等及びその業務の規制を行うことにより，その業務の適正な実施を確保し，電気工作物の保安の確保を目的としています。

ここがポイント 電気工事業法による登録と業務規制

＜電気工事業の登録＞

2つ以上の都道府県に営業所を設置する場合は，経済産業大臣の，1つの都道府県の場合は，都道府県知事の登録を受ける必要があり，登録の有効期間は5年間である。

＜営業所ごとに次の条件を満たす主任電気工事士を置くこと＞
- 第一種電気工事士
- 第二種電気工事士で3年以上の実務経験を有するもの

＜営業所ごとに備える器具＞
- 絶縁抵抗計，接地抵抗計，回路計

＜営業所及び施工場所ごとに掲示する標識の記載事項＞
- 氏名又は名称，法人にあっては代表者の氏名
- 営業所の名称，電気工事の種類
- 登録の年月日，登録番号
- 主任電気工事士等の氏名

＜営業所ごとに備える帳簿の記載事項と保存期間＞
- 注文者の氏名又は名称及び住所
- 電気工事の種類及び施工場所
- 施工年月日

- 主任電気工事士等及び作業者の氏名
- 配線図
- 検査結果
- 帳簿は 5 年間保存

<電気工事業者の業務規制>
- 電気工事士等でない者を電気工事に従事させてはならない。
- 電気用品安全法の表示のある電気用品を電気工事に使用する。

例題

電気工事業の業務の適正化に関する法律に定める内容に，**適合していないものは**。

イ．一般用電気工事の業務を行う登録電気工事業者は，第一種電気工事士又は第二種電気工事士免状の取得後電気工事に関し 3 年以上の実務経験を有する第二種電気工事士を，その業務を行う営業所ごとに，主任電気工事士として置かなければならない。

ロ．電気工事業者は，営業所ごとに帳簿を備え，経済産業省令で定める事項を記載し，5 年間保存しなければならない。

ハ．登録電気工事業者の登録の有効期限は 7 年であり，有効期間の満了後引き続き電気工事業を営もうとする者は，更新の登録を受けなければならない。

ニ．一般用電気工事の業務を行う電気工事業者は，営業所ごとに，絶縁抵抗計，接地抵抗計並びに抵抗及び交流電圧を測定することができる回路計を備えなければならない。

解答 ハ

解説 登録電気工事業者の登録の有効期限は 5 年ですので，ハが適合していません。

主任電気工事士になれる条件は，第一種電気工事士又は第二種電気工事士免状の取得後電気工事に関し 3 年以上の実務経験を有する第二種電気工事士です。

電気工事業者は，営業所ごとに帳簿を備え，経済産業省令で定める事項を記載し，5 年間保存しなければなりません。

一般用電気工事の業務を行う電気工事業者は，営業所ごとに，絶縁抵抗計，接地抵抗計並びに抵抗及び交流電圧を測定することができる回路計を備えなければなりません。

　電気用品安全法は，電気用品の製造，販売等を規制し電気用品による危険及び障害の発生を防止することを目的としています。

　特定電気用品は，構造又は使用方法からみて特に危険又は障害の発生するおそれが多いもの，特定電気用品以外の電気用品は，比較的危険又は障害の少ないものをいいます。

ここがポイント

電気用品の表示，販売と使用の制限，主な電気用品

＜電気用品の種類と表示＞

表3：電気用品の表示

特定電気用品の表示	特定電気用品以外の電気用品の表示
①届出事業者の名称 ②登録検査機関の名称 ③記号 〈PS E〉	①届出事業者の名称 ②記号 (PS E)
構造上表示が困難なものにあっては，〈PS〉E と表示	構造上表示が困難なものにあっては，(PS) E と表示

＜販売と使用の制限＞
- 電気用品の表示が付されているものでなければ，電気用品を販売，陳列することはできない。
- 電気用品の表示のない電気用品を，電気工作物の設置又は変更の工事に使用することはできない。

＜主な電気用品＞

表4：電気用品の例

特定電気用品の例	
電線類	絶縁電線：100mm² 以下，ケーブル：22mm² 以下，コード
ヒューズ類	温度ヒューズ，その他のヒューズ：1A 以上 200A 以下（筒形，栓形ヒューズは除く）
配線器具類	スイッチ：30A 以下，コンセント，配線用遮断器，差込み接続器，電流制限器
小形単相変圧器類	変圧器：500V・A 以下，安定器：500W 以下
電熱器具類	電気温水器：10kW 以下
電動力応用機械器具類	ポンプ：1.5kW 以下，ショーケース：300W 以下
携帯発電機	定格電圧 30V 以上 300V 以下
特定電気用品の以外の電気用品の例	

電線管類と付属品，フロアダクト，線ぴ，換気扇，電灯器具，ラジオ，テレビなど

例題

H20・問30

低圧の屋内電路に使用する次のもののうち，特定電気用品の組合せとして，**正しいものは**。

A：定格電圧 600 V，導体の公称断面積 8mm² の 3 心ビニル絶縁ビニルシースケーブル

B：内径 25mm の可とう電線管

C：定格電圧 100 V，定格消費電力 25W の換気扇

D：定格電圧 110 V，定格電流 20A，2 極 2 素子の配線用遮断器

　イ．A・B　　　ロ．A・D　　　ハ．B・C　　　ニ．B・D

解答 ロ

解説 A の断面積が 22mm² 以下のケーブル，D の配線用遮断器は，「特定電気用品」です。

B の電線管，C の換気扇は，「特定電気用品以外の電気用品」です。

第5章

第5章

電気に関する
基礎理論

51 オームの法則

図1において，電圧 V〔V〕÷ 電流 I〔A〕＝抵抗 R〔Ω〕の関係が成り立つのがオームの法則です。電流の強さ I〔A〕は電圧 V〔V〕に比例し，抵抗 R〔Ω〕に反比例します。

図1：オームの法則

ここがポイント　抵抗は V/I，電流は V/R，電圧は IR

$$R = \frac{V}{I} \,〔\Omega〕 \qquad I = \frac{V}{R} \,〔A〕 \qquad V = IR \,〔V〕$$

抵抗 R	電流 I	電圧 V
電気回路の抵抗Rは 抵抗＝電圧÷電流	抵抗に流れる電流Iは 電流＝電圧÷抵抗	抵抗両端の電圧Vは 電圧＝電流×抵抗

図2：抵抗 R，電流 I，電圧 V

例題

H30上・問1

図のような回路で，スイッチSを閉じたとき，a-b端子間の電圧〔V〕は。

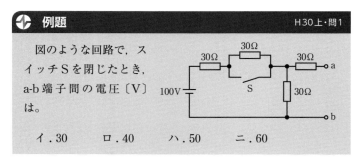

イ．30　　　ロ．40　　　ハ．50　　　ニ．60

解答 ハ

解説

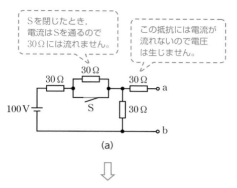

Sを閉じたとき，電流はSを通るので30Ωには流れません。

この抵抗には電流が流れないので電圧は生じません。

(a)

⬇

電流が流れない抵抗を省略した回路

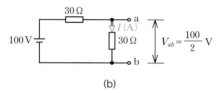

(b)

図 (a) は図 (b) のようになり，30Ω の抵抗 2 個を直列接続した回路になります。

回路に流れる電流 I〔A〕は，**オームの法則**により，

$$I = \frac{100}{30+30} = \frac{100}{60} = \frac{5}{3}\ \text{A} \qquad \left[電流 = \frac{電圧}{抵抗}\right]$$

a-b 端子間の電圧 V_{ab}〔V〕は，オームの法則により，

$$V_{ab} = I \times 30 = \frac{5}{3} \times 30 = 50\text{V} \qquad [電圧 = 電流 \times 抵抗]$$

別解 同じ抵抗が 2 個直列に接続される場合，a-b 間の電圧 V_{ab} は，電源電圧の $\frac{1}{2}$ 倍になります。

$$V_{ab} = \frac{100}{2} = 50\text{V}$$

52 合成抵抗

いくつかの抵抗を組み合わせたときの全体の抵抗を，合成抵抗といいます。

直列合成抵抗は，和（足し算）で求められます。

2 抵抗の並列合成抵抗は，和分の積（分母は足し算，分子はかけ算）で求められます。

ここがポイント

直列合成抵抗は和
2 抵抗の並列合成抵抗は，和分の積

< 直列合成抵抗は和 >

$$R_0 = R_1 + R_2 \ [\Omega]$$

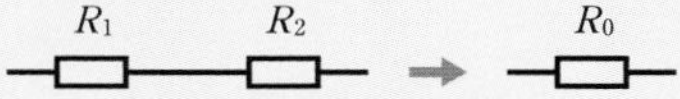

図 3：直列合成抵抗

<2 抵抗の並列合成抵抗は，和分の積 >

$$R_0 = \frac{R_1 R_2}{R_1 + R_2} \ [\Omega]$$

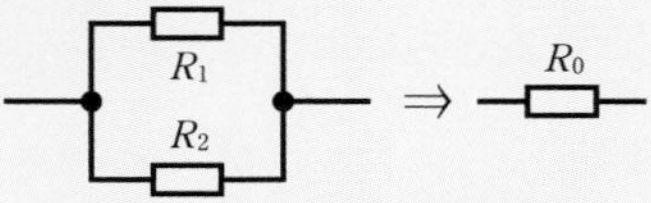

図 4：2 抵抗の並列合成抵抗

《和分の積の変形》

$$R_0 = \frac{R_1 R_2}{R_1 + R_2} = \frac{R_1}{1 + \dfrac{R_1}{R_2}} = \frac{R_1}{1 + 抵抗の比} \ [\Omega]$$

例題

図のような回路で，端子 a-b 端子間の合成抵抗〔Ω〕は。

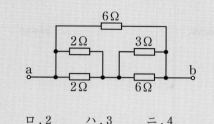

イ．1　　　ロ．2　　　ハ．3　　　ニ．4

解答 □

解説

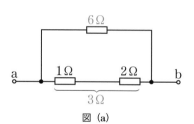

図 (a)

2Ω が 2 個の並列合成抵抗は，$\dfrac{積}{和} = \dfrac{2 \times 2}{2 + 2} = \dfrac{4}{4} = 1\,\Omega$

(同じ抵抗の場合は $\dfrac{1}{2}$ 倍の $1\,\Omega$)

3Ω と 6Ω の並列合成抵抗は，$\dfrac{積}{和} = \dfrac{3 \times 6}{3 + 6} = \dfrac{18}{9} = 2\,\Omega$

問題の図は図 (a) のようになり，1Ω と 2Ω の直列合成抵抗は，$1 + 2 = 3\,\Omega$ となります。したがって，6Ω と 3Ω の抵抗を並列接続した回路になります。6Ω と 3Ω の並列合成抵抗 R_{ab} は，

$$R_{ab} = \frac{積}{和} = \frac{6 \times 3}{6 + 3} = \frac{18}{9} = 2\,\Omega$$

又は，

$$R_{ab} = \frac{大きい方の抵抗値}{1 + 抵抗値の比} = \frac{6}{1 + \dfrac{6}{3}} = 2\,\Omega$$

◀⋯⋯⋯⋯ $6 \div 3 = 2$（抵抗値の比）

157

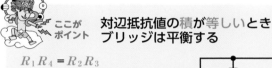

53 ブリッジ回路

4個の抵抗の間に R_5〔Ω〕のような橋渡しのある回路をブリッジ回路といいます。R_5〔Ω〕の電流 I_5〔A〕が0のとき，ブリッジが平衡したといいます。

ここがポイント
対辺抵抗値の積が等しいとき ブリッジは平衡する

$R_1 R_4 = R_2 R_3$
（ブリッジの平衡条件）

図5：ブリッジ回路

⟡ 例題

図の回路において，抵抗 50Ω の電流が0A であった。抵抗 R〔Ω〕の値は。

イ．30　　ロ．40　　ハ．50　　ニ．60

解答 ニ
解説 $I = 0$A より，ブリッジ回路は平衡しています。ブリッジの平衡条件より，$10R = 30 \times 20$（対辺抵抗値の積が等しい）

$$R = \frac{30 \times 20}{10} = 60\,\Omega$$

54 分流器

電流計に並列に接続して測定範囲を拡大する抵抗を分流器といいます。

電流計の測定範囲を m 倍にするとき，分流器の抵抗 R_s〔Ω〕は，電流計の内部抵抗 r_a〔Ω〕を $(m-1)$ で割って求めます。

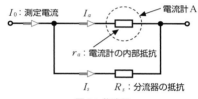

図6：分流器

ここがポイント　**分流器の抵抗 R_s は，$1/(m-1)$ 倍**

$$R_s = \frac{r_a}{m-1} \, 〔\Omega〕 \qquad 倍率(m) = \frac{測定電流(I_0)}{電流計の電流(I_a)}$$

例題

内部抵抗 0.03Ω，最大目盛値 $10\,\mathrm{A}$ の電流計を $40\,\mathrm{A}$ まで測定できるようにしたい。分流器の抵抗値及び結線方法として，**適切なものは**。

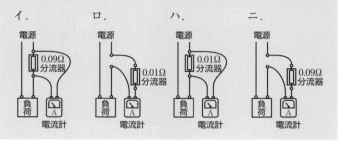

イ． ロ． ハ． ニ．

解答 ハ

解説 分流器は電流計と並列に接続します。並列接続はイ．またはハ．です。$10\,\mathrm{A}$ の電流計を $40\,\mathrm{A}$ まで測定できるようにするとき，倍率 m は，

$$m = \frac{40}{10} = 4$$

分流器の抵抗を $R_s\,〔\Omega〕$ とし，電流計の内部抵抗 $r_a\,〔\Omega〕$，分流器の倍率 m に数値を代入します。

$$R_s = \frac{r_a}{m-1} = \frac{0.03}{4-1} = 0.01\Omega$$

電圧計に直列に接続して測定範囲を拡大する抵抗を倍率器と
いいます。

電圧計の測定範囲を m 倍にするとき，倍率器の抵抗 R_m〔Ω〕
は，電圧計の内部抵抗 r_v を $(m-1)$ 倍します。

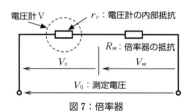

電圧計 V　　　r_v：電圧計の内部抵抗

R_m：倍率器の抵抗

V_v　　　V_m

V_0：測定電圧

図7：倍率器

ここが
ポイント　**倍率器の抵抗は，$(m-1)$ 倍**

$$R_m = r_v(m-1)〔Ω〕 \qquad 倍率(m) = \frac{測定電圧(V_0)}{電圧計の電圧(V_v)}$$

🔷 例題 H12

内部抵抗 10 kΩ, 最大目盛値 150 V の電圧計を 450 V まで測定できるようにしたい。倍率器の抵抗値及び結線方法として, **適切なものは**。

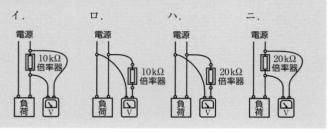

イ. 電源 10 kΩ 倍率器 負荷 Ⓥ

ロ. 電源 10 kΩ 倍率器 負荷 Ⓥ

ハ. 電源 20 kΩ 倍率器 負荷 Ⓥ

ニ. 電源 20 kΩ 倍率器 負荷 Ⓥ

解答 ハ

解説 倍率器は電圧計と直列に接続します。直列接続はロ. またはハ. です。150 V の電圧計を 450 V まで測定できるようにするとき, 倍率 m は,

$$m = \frac{450}{150} = 3$$

倍率器の抵抗を R_m 〔Ω〕とし, 電圧計の内部抵抗 r_v 〔Ω〕, 倍率器の倍率 m に数値を代入します。

$$R_m = r_v(m-1) = 10\,(3-1) = 20\,\text{k}\Omega$$

56 分電圧（分圧）

2抵抗 R_1, R_2 〔Ω〕を直列接続し V_0〔V〕を加えたとき，各抵抗の電圧（分電圧）V_1, V_2〔V〕は，V_0 を $R_1 : R_2$ に比例配分します。

$$V_1 : V_2 = R_1 : R_2$$

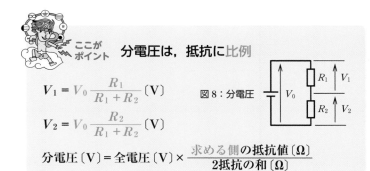

ここがポイント **分電圧は，抵抗に比例**

$$V_1 = V_0 \frac{R_1}{R_1 + R_2} \text{〔V〕}$$

$$V_2 = V_0 \frac{R_2}{R_1 + R_2} \text{〔V〕}$$

図8：分電圧

$$分電圧〔V〕＝全電圧〔V〕× \frac{求める側の抵抗値〔Ω〕}{2抵抗の和〔Ω〕}$$

例題
H21・問1

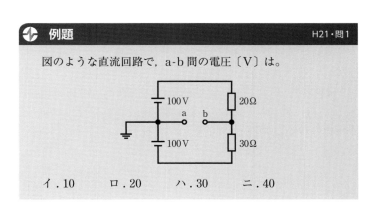

図のような直流回路で，a-b 間の電圧〔V〕は。

イ. 10　　ロ. 20　　ハ. 30　　ニ. 40

解答 □

解説 接地点を c に移し，点 c を 0 V とします。

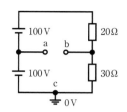

① a-c 間の電圧は，$V_{ac} = 100\,\mathrm{V}$

② b-c 間の電圧は，分電圧の公式より，

$$V_{bc} = 200 \times \frac{30}{20 + 30} = 120\,\mathrm{V}$$

③ a-b 間の電圧は，$V_{bc}\,\mathrm{[V]}$ と $V_{ac}\,\mathrm{[V]}$ の差の電圧なので，

$$V_{bc} - V_{ac} = 120 - 100 = 20\,\mathrm{V}$$

57 分路電流（分流）

2 抵抗 R_1，$R_2\,\mathrm{[\Omega]}$ を並列接続した回路で，全体の電流を $I_0\,\mathrm{[A]}$ としたとき，各抵抗の分路電流 $I_1 : I_2\,\mathrm{[A]}$ は，$I_0\,\mathrm{[A]}$ を抵抗値の逆数で比例配分します。

$$I_1 : I_2 = \frac{1}{R_1} : \frac{1}{R_2} \quad (I_1 : I_2 = R_2 : R_1)$$

ここがポイント

2 抵抗の分路電流は、小抵抗に大電流

$$I_1 = I_0 \frac{R_2}{R_1 + R_2} \text{〔A〕}$$

$$I_2 = I_0 \frac{R_1}{R_1 + R_2} \text{〔A〕}$$

図9：分路電流

分路電流〔A〕＝全電流〔A〕× $\dfrac{\text{反対側の抵抗値〔Ω〕}}{\text{2抵抗の和〔Ω〕}}$

例題

図のような回路で、電流計Ⓐは 10A を示している。抵抗 40Ω に流れる電流 I〔A〕は。

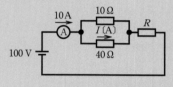

イ．2　　　ロ．4　　　ハ．6　　　ニ．8

解答 イ

解説 2 抵抗の分路電流を求める公式は、

$$I = I_0 \frac{R_1}{R_1 + R_2} \text{〔A〕}$$

$I_0 = 10\text{A}$、$R_1 = 10\Omega$、$R_2 = 40\Omega$ を代入します。

$$I = 10 \times \frac{10}{10 + 40} = 2\text{A}$$

58 電線の抵抗

電線など導体の抵抗 R〔Ω〕は，長さ ℓ〔m〕に比例し，断面積 A〔m^2〕に反比例します。

ρ は抵抗率といい，$\ell = 1m$，$A = 1m^2$ のときの抵抗で，単位は（$\Omega \cdot m$）です。

ここがポイント

電線の抵抗は，長さに比例，直径の2乗に反比例

$$R = \rho \frac{\ell}{A}〔\Omega〕$$

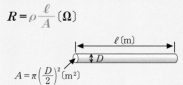

$$A = \pi \left(\frac{D}{2}\right)^2 〔m^2〕$$

図10：電線の抵抗

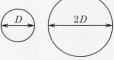

図11：直径 D が2倍で断面積 A は4倍

電線の長さ ℓ が2倍であれば，抵抗は2倍（断面積 A が同じとき）

電線の直径 D が2倍であれば，抵抗は $\frac{1}{4}$ 倍（長さ ℓ が同じとき）

例題　H22・問3, H19・問2

抵抗率 ρ〔$\Omega \cdot$m〕，直径 D〔mm〕，長さ L〔m〕の導線の電気抵抗を表す式は。

イ．$\dfrac{4\rho L}{\pi D} \times 10^{3}$

ロ．$\dfrac{4\rho L^{2}}{\pi D} \times 10^{3}$

ハ．$\dfrac{4\rho L}{\pi D^{2}} \times 10^{6}$

ニ．$\dfrac{\rho L^{2}}{\pi D^{2}} \times 10^{6}$

5章

電気に関する基礎理論

解答 ハ

解説
$$R = \rho \frac{L}{A} = \rho \frac{L}{\dfrac{\pi D^{2} \times 10^{-6}}{4}} = \frac{4\rho L}{\pi D^{2}} \times 10^{6}\,\Omega$$

$$\left(A = \pi \left(\frac{D \times 10^{-3}}{2} \right)^{2} = \frac{\pi D^{2} \times 10^{-6}}{4}\ \mathrm{m}^{2} \right)$$

ρ：抵抗率〔$\Omega \cdot$m〕　L：長さ〔m〕　D：直径〔mm〕
A：断面積〔m^{2}〕

参考 抵抗 R〔Ω〕は，長さ L〔m〕に比例することから，分子に L がある式を選びます（→イ又はハ）。次に，D^{2} に反比例することから，分母に D^{2} がある式を選びます。→ハが答えとなります。

59 直流回路の電力

1秒間の電気エネルギーを電力といい P〔W〕で表します。直流回路では，電圧 V〔V〕と電流 I〔A〕の積で求められます。

ここがポイント **電力は，VI 又は I^2R が重要**

$$P = VI = I^2 R = \frac{V^2}{R} \text{〔W〕}$$

図12：電力

$P = VI$〔W〕の V に IR を代入すると，$P = I^2R$〔W〕

$P = VI$〔W〕の I に $\dfrac{V}{R}$ を代入すると，$P = \dfrac{V^2}{R}$〔W〕

📌 例題

H20・問4, H16・問2

抵抗 R〔Ω〕に電圧 V〔V〕を加えると，電流が I〔A〕が流れ，P〔W〕の電力が消費される場合，抵抗 R〔Ω〕を示す式として，**誤っているもの**は。

イ．$\dfrac{V}{I}$　　ロ．$\dfrac{P}{I^2}$　　ハ．$\dfrac{V^2}{P}$　　ニ．$\dfrac{PI}{V}$

解答 ニ

解説 オームの法則より，$R = \dfrac{V}{I}$〔Ω〕…イは正しい

電力の公式 $P = I^2R = \dfrac{V^2}{R}$〔W〕から R〔Ω〕を求めると，

$R = \dfrac{P}{I^2} = \dfrac{V^2}{P}$〔Ω〕…ロ，ハは正しい

60 電力量

　電力 P〔W〕（ワット）と時間 t〔s〕（セコンド）（秒）の積はエネルギーの総量を表し，これを電力量といい，W_p〔W・s〕（ワット秒）で表します。

　時間の単位は，s（秒）を用いる場合と h（時）を用いる場合があります。

ここがポイント

電力量は，電力×時間
電力量は，ワット秒又はワット時

< 電力量は，電力×時間 >

$$W_p = Pt \text{〔W・s〕}$$

< 電力量は，ワット秒又はワット時 >

W_p〔W・s〕（ワット秒）$= P$〔W〕$\times t$〔s〕　（Pワットで t 秒間の電力量）

W_p〔W・h〕（ワット時）$= P$〔W〕$\times T$〔h〕　（Pワットで T 時間の電力量）

W_p〔kW・h〕（キロワット時）$= P$〔kW〕$\times T$〔h〕（Pキロワットで T 時間の電力量）

⚡ 例題

R1下・問3改

　消費電力が 500W の電熱器を，1 時間 30 分使用したときの電力量〔kW・s〕は。

イ . 450　　　ロ . 750　　　ハ . 1800　　　ニ . 2700

解答 二

解説 1時間30分（$1.5 \times 3600 = 5400\,\overset{秒}{\text{s}}$）

電力量〔W・s〕＝電力〔W〕×時間〔s〕より，

$W_p = 500 \times 5400 = 2700\,000\,\text{W} \cdot \text{s} = 2700\text{kW} \cdot \text{s}$

参考

〔W〕＝〔J/s〕より（電力1Wの発熱量は1J/s（ジュール毎秒）），

2700〔kW・s〕＝2700〔kJ/s・s〕＝2700kJ

（2700キロワット秒の電力量は，2700キロジュールの発熱量に等しい）

61 ジュールの法則

抵抗を流れる電流によって発生する熱量 Q〔W・s〕は，電流 I〔A〕の2乗（I^2）と抵抗 R〔Ω〕及び時間 t〔s〕の積に比例します。これをジュールの法則といいます。

ここがポイント **電流による発熱量は，ジュール（＝ワット秒）**

$$Q = I^2 Rt = Pt〔\text{J}〕 \quad 1\,\text{J} = 1\,\text{W・s}$$

例題

H30上・問4，H28・問4

電線の接続不良により，接続点の接触抵抗が 0.2Ω となった。この電線に 15A の電流が流れると，接続点から1時間に発生する熱量〔kJ〕は。ただし，接触抵抗の値は変化しないものとする。

イ．11 ロ．45 ハ．72 ニ．162

解答 ニ

解説 抵抗 R で消費する電力 P〔W〕（1秒間の発熱量〔J/s〕）は，

$$P = I^2 R = 15^2 \times 0.2 = 45\,\text{W} = 45\,\text{J/s}$$

接続点から1時間に発生する熱量は，1時間 ＝ 3600 秒を掛けます。

$$Q = P \times t = 45\,\text{J/s} \times 3600\,\text{s} = 162000\,\text{J} = 162\,\text{kJ}$$

62 熱量計算

水を電気温水器などで加熱するとき，電気エネルギーによる発生熱量（$3\,600PT\eta$〔kJ〕）と水の温度上昇に要する熱量（$mc\theta$〔kJ〕）は，等しくなります。

ここがポイント　電気エネルギー ＝ 温度上昇に要する熱量

$3\,600PT\eta = mc\theta$〔**kJ**〕

水の比熱は $c = 4.2\mathrm{kJ/(kg\cdot k)}$

$3\,600$ は 1h（時間）の秒数。$3\,600T$ は T 時間の秒数

P：電力〔kW〕　T：時間〔h〕　η：熱効率（小数）

m：質量〔kg〕又は〔L〕

c：比熱。1kg の水を 1K 温度上昇させるのに必要な熱量

θ：加熱前後の温度差〔K〕

※ K：絶対温度の単位。T〔K〕と t〔℃〕の関係は，$T = t + 273.15$〔K〕で表される。温度差は，〔K〕と〔℃〕は同じ。

例題
R1上・問3

電熱器により，60kg の水の温度を 20K 上昇させるのに必要な電力量〔kW・h〕は。ただし，水の比熱は 4.2kJ/(kg・K) とし，熱効率は 100% とする。

　イ．1.0　　　ロ．1.2　　　ハ．1.4　　　ニ．1.6

解答 ハ

解説 消費電力 P〔kW〕，熱効率 100%（$\eta = 1$）の電熱器を T〔h〕使用したときの発熱量と，質量 60kg，比熱 4.2kJ/（kg・K）の水を 20K だけ温度を上昇させるのに要する熱量が等しいことから次式が成り立つ。

電熱器による発熱量　水の温度上昇に要する熱量

$$P \times 3600\,T \times 1 \;=\; 60 \times 4.2 \times 20$$

$$\left[\mathrm{k}\frac{\mathrm{J}}{\mathrm{s}}\right]\left[\mathrm{s}\right] = \left[\mathrm{kg}\right]\left[\frac{\mathrm{kJ}}{\mathrm{kg \cdot K}}\right]\left[\mathrm{K}\right]$$

電力量 PT〔kW・h〕は，

$$PT = \frac{60 \times 4.2 \times 20}{3600} = \frac{4.2}{3} = 1.4\,\mathrm{kW \cdot h}$$

5
章

電気に関する基礎理論

63 交流の周期と周波数

コンセントの電圧のように，$V_m \sim -V_m$〔V〕の間で変化する電圧を交流電圧といい，$I_m \sim -I_m$〔A〕の間で変化する電流を交流電流といいます。このような交流の電圧，電流を正弦波交流ともいいます。

交流の変化 1 回に要する時間を周期といい，T〔秒〕で表します。又，1 秒間に変化する回数を周波数といい，f〔Hz〕で表します。

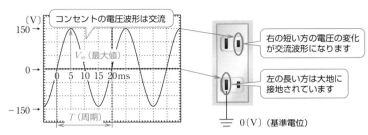

図 13：交流電圧

ここがポイント 周期と周波数は互いに逆数関係

$$T = \frac{1}{f} \text{ (s)} \qquad f = \frac{1}{T} \text{ (Hz)}$$

<例> $f = 50\text{Hz}$ のとき
$$T = \frac{1}{50} = 0.02\text{ s} = 20\text{ ms}$$

🔷 例題

周期が 1ms の交流波形の周波数〔Hz〕は。

イ．50   ロ．60   ハ．100   ニ．1000

解答 ニ

解説 交流波形の周波数を f〔Hz〕，周期を T〔s〕とすると，

$$f = \frac{1}{T} \text{ (Hz)}$$

$T = 1 \times 10^{-3}$ より

$$f = \frac{1}{1 \times 10^{-3}} = 1 \times 10^3 = 1000\text{Hz}$$

64 正弦波交流の実効値と最大値

交流の電圧，電流を，これと等しい仕事をする直流の大きさをもって表した値を，実効値といいます。

ここがポイント　正弦波交流の最大値は，実効値の$\sqrt{2}$倍

$$V = \frac{V_m}{\sqrt{2}} \,[\mathrm{V}] \qquad I = \frac{I_m}{\sqrt{2}} \,[\mathrm{A}] \qquad \left(\text{実効値} = \frac{\text{最大値}}{\sqrt{2}}\right)$$

$$V_m = \sqrt{2}\,V\,[\mathrm{V}] \qquad I_m = \sqrt{2}\,I\,[\mathrm{A}] \quad (\text{最大値} = \sqrt{2} \times \text{実効値})$$

<例>実効値が100Vのとき，電圧の最大値は$\sqrt{2} \times 100 \fallingdotseq 141\,\mathrm{V}$

例題

H22・問2，H12午前・問3，H12午後・問3

実効値が105Vの正弦波交流電圧の最大値は。

イ．105　　　ロ．148　　　ハ．182　　　ニ．210

解答 ロ

解説 最大値 $= \sqrt{2} \times$ 実効値 $\fallingdotseq 1.41 \times 105 \fallingdotseq 148\,\mathrm{V}$

参考 実効値が100Vのときは，$1.41 \times 100 = 141\,\mathrm{V}$

実効値が105Vのときは，141Vより少し大きな値で解答を選ぶこともできます。

5章　電気に関する基礎理論

175

65 交流回路のオームの法則

交流回路で電流を妨げる要素に，抵抗（R），コイル（L），コンデンサ（C）があります。各要素の電圧と電流の比は，電流の流れにくさを表すもので，抵抗（レジスタンス）R〔Ω〕，誘導リアクタンス X_L〔Ω〕，容量リアクタンス X_C〔Ω〕といいます。

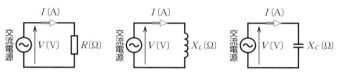

図14：抵抗，誘導リアクタンス，容量リアクタンス

ここがポイント　抵抗 R, リアクタンス X は，電圧 V と電流 I の比

$$R = \frac{V}{I}\,〔Ω〕 \qquad X_L = \frac{V}{I}\,〔Ω〕 \qquad X_C = \frac{V}{I}\,〔Ω〕$$

例題

コイルに，実効値が 200V の交流電圧を加えたところ実効値が 1.25A の電流が流れた。このときコイルの誘導リアクタンス（誘導性リアクタンス）の値〔Ω〕は。

ただし，コイルの抵抗は無視できるものとする。

イ．100　　　　ロ．160　　　　ハ．200　　　　ニ．240

解答 ロ

解説 コイルの誘導(性)リアクタンス X_L〔Ω〕は，コイルに加えた電圧 ÷ 流れる電流です。

$$X_L = \frac{V}{I} = \frac{200}{1.25} = 160\,\Omega$$

※誘導(性)リアクタンス X_L〔Ω〕は，コイルの交流抵抗と考えること
ができます。

66 リアクタンスの大きさ

コイルの電気的作用の大きさを表す定数をインダクタンスとい
い L〔H〕で表します。コイルの誘導リアクタンス X_L〔Ω〕は，
周波数 f〔Hz〕とインダクタンス L〔H〕に比例します。

**ここが
ポイント** **コイルは f が高いと X_L は大，
電流は小さくなる**

$$X_L = 2\pi f L\,〔\Omega〕 \qquad \pi = 3.14 \qquad (X_L：誘導リアクタンス)$$

コンデンサの電気的な能力を静電容量といい C〔F〕で表しま
す。コンデンサの容量リアクタンス X_C〔Ω〕は，周波数 f〔Hz〕
と静電容量 C〔F〕に反比例します。

**ここが
ポイント** **コンデンサは f が高いと X_C は小，
電流は大きくなる**

$$X_C = \frac{1}{2\pi f C}\,〔\Omega〕 \qquad \pi = 3.14 \qquad (X_C：容量リアクタンス)$$

◆ 例題

H30上・問2

コイルに 100V, 50Hz の交流電圧を加えたら 6A の電流が流れた。このコイルに 100V, 60Hz の交流電圧を加えたときに流れる電流〔A〕は。

ただし, コイルの抵抗は無視できるものとする。

イ. 4

ロ. 5

ハ. 6

ニ. 7

解答 ロ

解説 コイルの誘導リアクタンスは周波数に比例するので, 60Hz のリアクタンスは, 50Hz のリアクタンスと比較して, $\frac{60}{50} = 1.2$ 倍となります。電流はリアクタンスに反比例するので, 60Hz のとき流れる電流は, 50Hz のときの $\frac{50}{60} = \frac{1}{1.2}$ 倍となります。

60Hz における電流 I は,

$$I = 6 \times \frac{50}{60} = 5\text{A}$$

参考 周波数が高くなると, 電流は小さくなります。

67 インピーダンス

交流回路の電流の通しにくさをインピーダンスといい Z 〔Ω〕で表します。

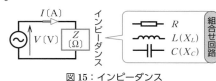

図 15：インピーダンス

ここが ポイント

インピーダンス Z は, 電圧 V と電流 I の比

$$Z = \frac{V}{I} \,〔\Omega〕 \quad (Z : インピーダンス)$$

例題

単相 105V の回路で, ルームエアコンを使用したとき回路の電流を測定したら 5.25A の電流が流れた。エアコンのインピーダンス Z 〔Ω〕は。

イ．5.25　　　　ロ．10.5　　　　ハ．20　　　　ニ．25

解答 ハ

解説 ルームエアコンのインピーダンス Z 〔Ω〕は, ルームエアコンに加えた電圧 ÷ 流れる電流です。

$$Z = \frac{V}{I} = \frac{105}{5.25} = 20\,\Omega$$

※インピーダンス Z 〔Ω〕は, 負荷（問題ではエアコン）の交流抵抗と考えることができます。

68 R-L-C の直列回路

R-L-C（抵抗，コイル，コンデンサ）の直列回路のインピーダンス Z〔Ω〕は，直角三角形の斜辺の長さです。θ は，電圧と電流の位相差となります。

ここがポイント **直列回路は，**
インピーダンスの直角三角形をつくる

R-X_L 直列回路のインピーダンス

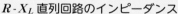

$$Z = \sqrt{R^2 + X_L{}^2} \ \text{〔}\boldsymbol{\Omega}\text{〕}$$

R-X_C 直列回路のインピーダンス

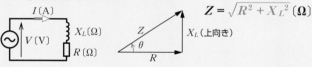

$$Z = \sqrt{R^2 + X_C{}^2} \ \text{〔}\boldsymbol{\Omega}\text{〕}$$

R-X_L-X_C 直列回路のインピーダンス

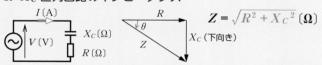

$$Z = \sqrt{R^2 + (X_L - X_C)^2} \ \text{〔}\boldsymbol{\Omega}\text{〕} \ (X_L > X_C \ \text{の場合}*)$$

$$Z = \sqrt{R^2 + (X_C - X_L)^2} \ \text{〔}\boldsymbol{\Omega}\text{〕} \ (X_C > X_L \ \text{の場合})$$

図 16：R-L-C 直列回路とインピーダンスの直角三角形

参考 インピーダンスの直角三角形の各辺に電流 I をかけると，電圧の直角三角形になります。

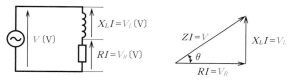

図 17：$R\text{-}L$ 直列回路と電圧の直角三角形

例題

R1 上・問 4

図のような交流回路において，抵抗 $8\,\Omega$ の両端の電圧 $V\,[\text{V}]$ は。

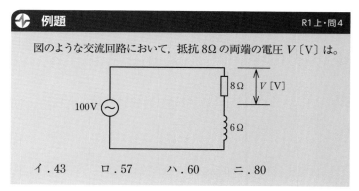

イ．43　　ロ．57　　ハ．60　　ニ．80

解答 ニ

解説 インピーダンスの直角三角形より，Z（直角三角形の斜辺）は，

$$Z = \sqrt{R^2 + X_L^2} = \sqrt{8^2 + 6^2} = 10\,\Omega$$

回路に流れる電流 $I\,[\text{A}]$ は，オームの法則により，

$$I = \frac{100}{10} = 10\text{A} \qquad \left[\text{電流} = \frac{\text{電圧}}{\text{インピーダンス}}\right]$$

抵抗の電圧 $V\,[\text{V}]$ は，

$$V = IR = 10 \times 8 = 80\text{V} \qquad [\text{電圧} = \text{電流} \times \text{抵抗}]$$

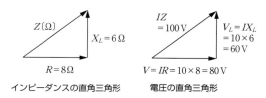

インピーダンスの直角三角形　　電圧の直角三角形

69 R-L-C の並列回路

R-L-C（抵抗，コイル，コンデンサ）の並列接続回路の合成電流 I〔A〕は，直角三角形の斜辺の長さです。θ は，電圧と電流の位相差となります。

ここがポイント 並列回路は，電流の直角三角形をつくる

R-X_L 並列回路の電流 $\quad I = \sqrt{I_R^2 + I_L^2}$〔A〕

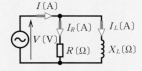

R-X_C 並列回路の電流 $\quad I = \sqrt{I_R^2 + I_C^2}$〔A〕

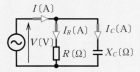

R-X_L-X_C 並列回路の電流

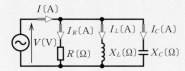

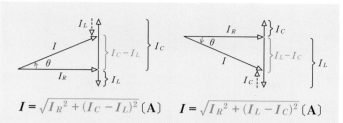

$$I = \sqrt{I_R^2 + (I_C - I_L)^2} \ (\mathrm{A}) \qquad I = \sqrt{I_R^2 + (I_L - I_C)^2} \ (\mathrm{A})$$

図 18：R-L-C 並列回路と電流の直角三角形

🔵 例題

図のような回路で，電源電圧が $24\mathrm{V}$，抵抗 $R = 3\Omega$ に流れる電流が $8\mathrm{A}$，リアクタンス $X_L = 4\Omega$ に流れる電流が $6\mathrm{A}$ であるとき，電流計 Ⓐ の指示値〔A〕は。

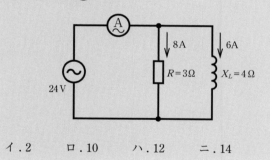

イ．2   ロ．10   ハ．12   ニ．14

解答 ロ

解説 電流計の指示値を I〔A〕としたとき，電流の直角三角形の斜辺の長さが I となります。

$$I = \sqrt{I_R^2 + I_L^2} = \sqrt{8^2 + 6^2} = 10\mathrm{A}$$

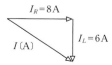

70 交流回路の消費電力

図 19 の交流回路で，抵抗 R〔Ω〕の電圧が V_R〔V〕のとき，抵抗が消費する電力（有効電力）P〔W〕は，次式となります。

又，コイルやコンデンサは，電流が流れても電力を消費しません。

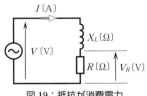

図 19：抵抗が消費電力

ここが ポイント **抵抗が消費する電力 P〔W〕**

$$P = V_R I = I^2 R = \frac{V_R{}^2}{R} \text{〔W〕}$$

例題

図のような回路で，リアクタンス X の両端の電圧が 60 V，抵抗 R の両端の電圧が 80 V であるとき，この抵抗 R の消費電力 〔W〕は。

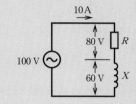

イ．600

ロ．800

ハ．1 000

ニ．1 200

5

章

電気に関する基礎理論

解答 ロ

解説

① 抵抗 R は，$R = \dfrac{V_R}{I} = \dfrac{80}{10} = 8\,\Omega$

② 回路の力率は，$\cos\theta = \dfrac{V_R}{V} = \dfrac{80}{100} = 0.8$

③ 電力 P 〔W〕を求めるには，次の方法があります。

$$P = V_R I = 80 \times 10 = 800\,\mathrm{W}$$

$$P = I^2 R = 10^2 \times 8 = 800\,\mathrm{W}$$

$$P = \frac{V_R{}^2}{R} = \frac{80^2}{8} = 800\,\mathrm{W}$$

V：電源電圧〔V〕　I：回路電流〔A〕　V_R：抵抗の電圧〔V〕

71 電力と電力量の直角三角形

図 20：電力の直角三角形(a)と電力量の直角三角形(b)

交流の電力には，皮相電力，有効電力，無効電力があり，図 20 (a)のように電力の直角三角形で表すことができます。

又，図(b)のように各辺に時間 T〔h〕をかけると，電力量の直角三角形になります。

ここがポイント **交流回路の電力 P は，$VI\cos\theta$〔W〕**

$S = VI$〔V・A〕   皮相電力＝電圧×電流

$P = VI\cos\theta$〔W〕   有効電力＝電圧×電流×力率

$Q = VI\sin\theta$〔var〕   無効電力＝電圧×電流×無効率

時間 T〔h〕をかければ，電力量を表す直角三角形ができる。

例題

単相200Vの回路に, 消費電力2.0kW, 力率80%の負荷を接続した場合, 回路に流れる電流Aは。

イ. 5.8

ロ. 8.0

ハ. 10.0

ニ. 12.5

解答 ニ

解説 電力の公式 $P = VI\cos\theta$ 〔W〕に, $P = 2\,000\,\text{W}$, $V = 200\,\text{V}$, $\cos\theta = 0.8$ を代入すると, $2\,000 = 200 \times I \times 0.8$

よって, $I = \dfrac{2\,000}{200 \times 0.8} = 12.5\,\text{A}$

5
章

電気に関する基礎理論

187

72 力率は直角三角形から求める

有効電力と皮相電力の比（$\cos\theta$）を力率といいます。力率は，インピーダンス，電流，電圧，電力，電力量の各直角三角形の底辺を斜辺で割れば求められます。

ここがポイント

力率は，直角三角形の底辺 ÷ 斜辺で求める

$$\cos\theta = \frac{P}{S}$$

$$\left(力率 = \frac{有効電力}{皮相電力} = \frac{底辺}{斜辺}\right)$$

※パーセントで表す時は 100 倍する。

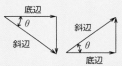

図 21：直角三角形の底辺と斜辺

例題

図のような交流回路の力率〔％〕を示す式は。

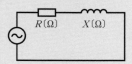

イ．$\dfrac{100R}{\sqrt{R^2+X^2}}$　ロ．$\dfrac{100RX}{R^2+X^2}$　ハ．$\dfrac{100R}{R+X}$　ニ．$\dfrac{100X}{\sqrt{R^2+X^2}}$

解答 イ

解説 力率 $\cos\theta$ は，インピーダンスの直角三角形から，

$$\cos\theta = \frac{底辺}{斜辺} \times 100 = \frac{R}{Z} \times 100$$

$$= \frac{100R}{\sqrt{R^2+X^2}} \,〔\%〕$$

188

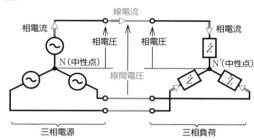

図22：Y結線の三相交流回路

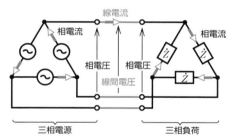

図23：Δ結線の三相交流回路

三相交流回路は，3つの単相交流回路を組み合わせたもので，Y結線（スター結線）とΔ結線（デルタ結線）があります。

**ここが
ポイント** **三相交流回路の電圧，電流，電力，電力量**

< 相電圧と相電流，線間電圧と線電流 >
三相交流回路において各相1相の電圧は相電圧，1相に流れる電流は相電流

電源と負荷を結ぶ電線間の電圧は線間電圧，電線の電流は線電流

< 三相交流回路の電力 >
三相電力も単相電力と同じように電力の直角三角形で表すことができます。

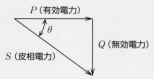

図 24：三相電力の直角三角形

三相電力

$P = 3V_p I_p \cos\theta \,[\mathrm{W}]$

三相電力 = 3 × 相電圧 × 相電流 × 力率 = 3 × 1相分の電力

$P = \sqrt{3} \, V_\ell I_\ell \cos\theta \,[\mathrm{W}]$

三相皮相電力

三相電力 = $\sqrt{3}$ × 線間電圧 × 線電流 × 力率

三相皮相電力

三相電力量（電力×時間）

$W = PT \,[\mathrm{W \cdot h}]$　P：三相電力，T：時間 [h]

🔶 例題

H28上・問5改

定格電圧（線間電圧）$V_\ell \,[\mathrm{V}]$，定格電流（線電流）$I_\ell \,[\mathrm{A}]$ の三相誘導電動機を定格状態で時間 $T \,[\mathrm{h}]$ の間，連続運転したところ，消費電力量が $W \,[\mathrm{kW \cdot h}]$ であった。この電動機の力率 [%] を表す式は。

$$\text{イ}. \quad \frac{W}{\sqrt{3}\,V_\ell I_\ell T} \times 10^5 \qquad\qquad \text{ロ}. \quad \frac{W}{3V_\ell I_\ell T} \times 10^5$$

$$\text{ハ}. \quad \frac{\sqrt{3}\,V_\ell I_\ell}{WT} \times 10^5 \qquad\qquad \text{ニ}. \quad \frac{3V_\ell I_\ell}{WT} \times 10^5$$

解答 イ

解説 三相電力（消費電力 = 有効電力）P〔W〕は，力率を $\cos\theta$ とすれば，

$$P = \sqrt{3}\,V_\ell I_\ell \cos\theta \,\text{〔W〕}$$

三相電力量 W〔W・h〕は，電力〔W〕×時間〔h〕より，

$$W = \sqrt{3}\,V_\ell I_\ell \cos\theta \times T \,\text{〔W・h〕}$$

力率 $\cos\theta$ を求めると，

$$\cos\theta = \frac{W}{\sqrt{3}\,V_\ell I_\ell T}$$

問題は，電力量の単位が〔kW・h〕なので，これを〔W・h〕の単位にします。W〔kW・h〕$= W \times 10^3$〔W・h〕より

$$\cos\theta = \frac{W \times 10^3}{\sqrt{3}\,V_\ell I_\ell T}$$

力率を 100 倍してパーセントの単位にします。

$$\cos\theta = \frac{W}{\sqrt{3}\,V_\ell I_\ell T} \times 10^5 \,\text{〔%〕}$$

別解 電力量の直角三角形から

$$\cos\theta = \frac{\text{底辺}}{\text{斜辺}} = \frac{W \times 10^3}{\sqrt{3}\,V_\ell I_\ell T}$$

100 倍して〔%〕単位にします。

$$\cos\theta = \frac{W}{\sqrt{3}\,V_\ell I_\ell T} \times 10^5 \,\text{〔%〕}$$

（有効電力量＝消費電力量）
$W \times 10^3$〔W・h〕

θ

$\sqrt{3}\,V_l I_l T$
〔V・A・h〕
（皮相電力量）

電力量の直角三角形

5 章

電気に関する基礎理論

74 Y結線（スター結線）

　図のように負荷などを Y 形に接続する方法を Y 結線又はスター結線といいます。Y 結線の線間電圧 V_ℓ は相電圧 V_p の$\sqrt{3}$ 倍（1.73 倍），Y 結線の線電流 I_ℓ は相電流 I_p と等しくなります。

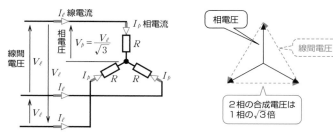

図 25：Y 結線

ここがポイント　**Y 結線の線間電圧は，2 相の合成電圧で$\sqrt{3}$ 倍**

$V_\ell = \sqrt{3}\, V_p \,\mathrm{(V)}$　　線間電圧 = $\sqrt{3}$ × 相電圧

$I_\ell = I_p \,\mathrm{(A)}$　　　　線電流 = 相電流

例題

図のような三相負荷に三相交流電圧を加えたとき，各線に 15〔A〕の電流が流れた。線間電圧 E〔V〕は。

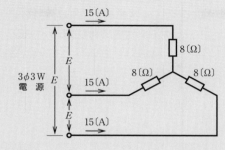

イ．120

ロ．169

ハ．208

ニ．240

解答 ハ

解説

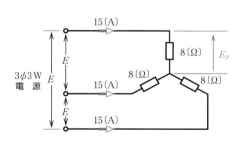

① 1相の電圧（相電圧）E_p〔V〕は，電流×抵抗より，

$$E_p = 15 \times 8 = 120 \,〔V〕$$

② 線間電圧は，$\sqrt{3}$ ×相電圧より，

$$E = \sqrt{3} \times 120 ≒ 1.73 \times 120 ≒ 208 \,〔V〕$$

75 △ 結線（デルタ結線）

　図 25 のように負荷などを三角形に接続する方法を △ 結線（デルタ結線）といいます。△ 結線の線間電圧 V_ℓ〔V〕は相電圧 V_p〔V〕と等しく，△ 結線の線電流 I_ℓ〔A〕は相電流 I_p〔A〕の $\sqrt{3}$ 倍（1.73 倍）になります。

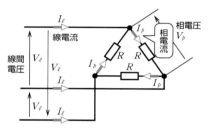 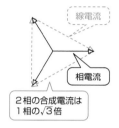

図 26：△ 結線

ここがポイント　△ 結線の線電流は，2 相の合成電流で $\sqrt{3}$ 倍

$V_\ell = V_p$〔V〕　　　線間電圧 = 相電圧

$I_\ell = \sqrt{3}\, I_p$〔A〕　　線電流 = $\sqrt{3}$ × 相電流

例題 R1上・問2改

図のような三相3線式回路の線電流 I〔A〕は。

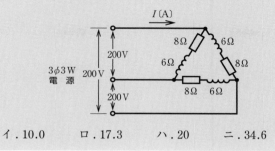

イ . 10.0　　ロ . 17.3　　ハ . 20　　ニ . 34.6

解答 ニ

解説 図のように1相を取り出します。

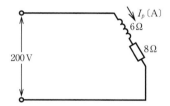

1相のインピーダンス Z〔Ω〕は,

$$Z = \sqrt{8^2 + 6^2} = 10\,\Omega$$

1相の電流（相電流）I_p〔A〕は, オームの法則により

$$I_p = \frac{200}{Z} = \frac{200}{10} = 20\,\mathrm{A}$$

線電流 $= \sqrt{3} \times$ 相電流より, ($\sqrt{3} = 1.73$)

$$I = \sqrt{3} \times 20 = 1.73 \times 20 = 34.6\,\mathrm{A}$$

第 6 章

配電理論

76 配電方式

低圧の配電方式は，単相2線式，単相3線式，三相3線式が用いられます。交流の低圧は，600V以下の電圧です。

図1：低圧の配電方式

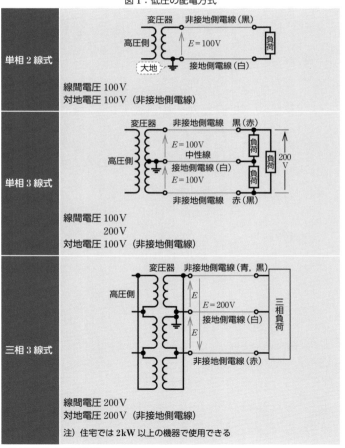

※接地側電線の対地電圧は0V

ここが ポイント　配電方式の種類と 線間電圧, 対地電圧, 低圧

単相2線式：線間電圧は $100\,\mathrm{V}$, 対地電圧は $100\,\mathrm{V}$

単相3線式：線間電圧は $100/200\,\mathrm{V}$, 対地電圧は $100\,\mathrm{V}$

三相3線式：線間電圧は $200\,\mathrm{V}$, 対地電圧は $200\,\mathrm{V}$

接地側電線は白色の電線を使用

低圧：交流 $600\,\mathrm{V}$ 以下, 直流 $750\,\mathrm{V}$ 以下

6
章

配電理論

✦ 例題

　絶縁被覆の色が赤色, 白色, 黒色の3種類の電線を使用した 単相3線式 $100/200\,\mathrm{V}$ 屋内配線で, 電線相互間及び電線と大 地間の電圧を測定した。その結果としての, 電圧の組合せで, **適切なものは**。

　ただし, 中性線は白色とする。

　イ．赤色線と大地間　　　$200\,\mathrm{V}$
　　　白色線と大地間　　　$100\,\mathrm{V}$
　　　黒色線と大地間　　　　$0\,\mathrm{V}$

　ロ．赤色線と黒色線間　　$200\,\mathrm{V}$
　　　白色線と大地間　　　　$0\,\mathrm{V}$
　　　黒色線と大地間　　　$100\,\mathrm{V}$

　ハ．赤色線と白色線間　　$200\,\mathrm{V}$
　　　赤色線と大地間　　　　$0\,\mathrm{V}$
　　　黒色線と大地間　　　$100\,\mathrm{V}$

　ニ．赤色線と黒色線間　　$100\,\mathrm{V}$
　　　赤色線と大地間　　　　$0\,\mathrm{V}$
　　　黒色線と大地間　　　$200\,\mathrm{V}$

解答 □
解説

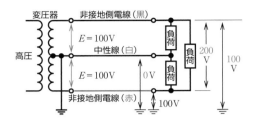

単相3線式100/200V屋内配線の電線相互間及び電線と大地間の電圧
の大きさは，図のようになります。

赤色線と黒色線間　　200V
白色線と大地間　　　0V
黒色線と大地間　　　100V
赤色線と大地間　　　100V

77 単相2線式

単相2線式とは，図2のように2本の電線で電源（変圧器の二次側）と負荷を結ぶ方式です。電線の抵抗 r〔Ω〕による電圧降下と電力損失があります。

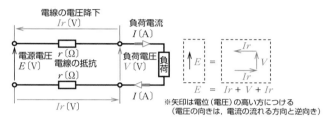

図2：単相2線式回路の電圧と電圧降下

ここがポイント **電線の抵抗による電圧降下と電力損失**

$$E = Ir + V + Ir〔V〕 \ \Rightarrow \ V = E - 2Ir〔V〕$$

電源電圧＝電圧の和　　　　負荷電圧＝電源電圧−電線の電圧降下

電線の電圧降下(2線分) $= 2Ir〔V〕$

電線の電力損失(2線分) $= 2I^2r〔W〕$

r：電線1線分の抵抗〔Ω〕

例題

H23上・問7, H21・問6, H14午前・問8

図のような単相2線式回路で，c-c′間の電圧が100Vのとき，a-a′間の電圧〔V〕は。ただし，rは電線の電気抵抗〔Ω〕とする。

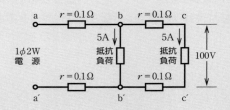

イ．102

ロ．103

ハ．104

ニ．105

解答 ロ

解説 電源の電圧 $E_{aa'}$〔V〕は，図の a′～a に向かって電圧の和を求めます。

$$E_{aa'} = 1 + 0.5 + 100 + 0.5 + 1 = 103\,\text{V}$$

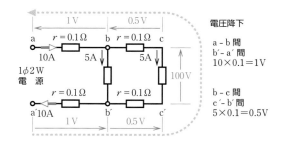

78 単相3線式

図3は、単相3線式回路でA，B，Cの各負荷電流をI_1，I_2，I_3〔A〕としたとき，各部の電流を示したものです。

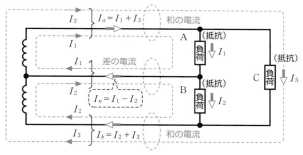

図3：単相3線式回路の電流

6
章

配電理論

図4において、負荷電圧 V_1，V_2〔V〕は電線の抵抗 r〔Ω〕の電圧降下のため、電圧が変動します。

$I_1 = I_2$ のとき、$I_n = 0$ で、中性線の電圧降下は0です。

$I_1 > I_2$ の場合の電圧は、次のように考えます。

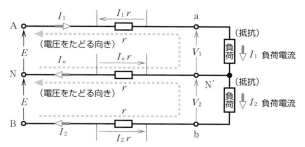

図4：単相3線式回路の電圧降下（$I_1 > I_2$ のとき）

ここがポイント　電線路の電流，電力損失

上の線路電流　$I_a = I_1 + I_3$〔A〕（和の電流）

下の線路電流　$I_b = I_2 + I_3$〔A〕（和の電流）

中性線電流　　$I_n = I_1 - I_2$〔A〕（差の電流）
　　　　　　　（$I_1 > I_2$ のとき，I_n は左向き）

電線路の電力損失は，$I_a{}^2 r + I_b{}^2 r + I_n{}^2 r$〔W〕

ここがポイント　単相 3 線式回路の負荷電圧の求め方

電源電圧＝負荷電圧＋電線の電圧降下

（N-N′-a-A の順にたどる）$E = I_n r + V_1 + I_1 r$〔V〕

（B-b-N′-N の順にたどる）$E = I_2 r + V_2 - I_n r$〔V〕

負荷電圧＝電源電圧－電線の電圧降下　　　$I_1 > I_2$ のとき

$V_1 = E - I_1 r - I_n r$〔V〕（中性線の電圧降下 $I_n r$ は減算）

$V_2 = E - I_2 r + I_n r$〔V〕（中性線の電圧降下 $I_n r$ は加算）

中性線の電圧降下：負荷電流の大きい方は減算，小さい方は加算

例題1

図の単相3線式回路において，電線1線の抵抗が0.1Ω，負荷の電流がいずれも$10A$のとき，この電線路の電力損失Wは。ただし，負荷は抵抗負荷とする。

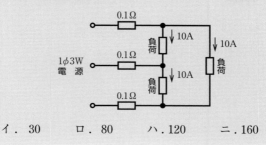

イ．30   ロ．80   ハ．120   ニ．160

6
章

配電理論

解答 ロ
解説

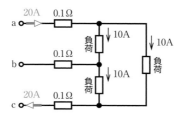

① 図のa線に流れる電流は，$10 + 10 = 20A$
② a線の電力損失は，$I^2r = 20^2 \times 0.1 = 40W$
③ b線の電流は0で，電力損失も0。
④ c線の電力損失は，a線と同じで$40W$
⑤ 電線路の電力損失は，$40 + 40 = 80W$

例題2

図のような単相3線式の回路において，ab間の電圧〔V〕，bc間の電圧〔V〕の組合せとして，**正しいもの**は。
ただし，負荷は抵抗負荷とする。

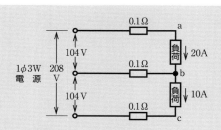

イ．ab 間：101　bc 間：100
ロ．ab 間：103　bc 間：104
ハ．ab 間：102　bc 間：103
ニ．ab 間：101　bc 間：104

解答 ニ

解説 電流×抵抗から各電線の電圧降下を求め，図に記入します。

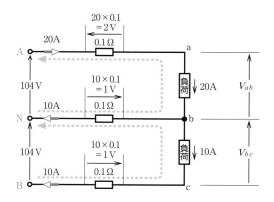

① N → b → a → A の順にたどると，

$104 = 1 + V_{ab} + 2$

$V_{ab} = 104 - 3 = 101\,\text{V}$

② B → c → b → N の順にたどると，

$104 = 1 + V_{bc} - 1$

$V_{bc} = 104\,\text{V}$　　　だとる方向と逆向きのとき−

三相回路の1線の電流を I〔A〕，抵抗を r〔Ω〕としたとき，電圧降下は，図5のように1相だけで考えます。

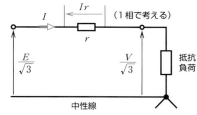

図5：三相3線式の電圧降下

$$\frac{E}{\sqrt{3}} = \frac{V}{\sqrt{3}} + Ir$$

両辺を $\sqrt{3}$ 倍すると，$E = V + \sqrt{3}\,Ir$〔V〕

ここが
ポイント　　三相回路の電圧降下は $\sqrt{3}$ 倍，
　　　　　　　電力損失は1線分の3倍

三相3線式の電源電圧＝負荷電圧＋電圧降下
　　$E = V + \sqrt{3}\,Ir$〔**V**〕

三相3線式の電圧降下 $\varDelta V$〔**V**〕は，
　　$\varDelta V = E - V = \sqrt{3}\,Ir$〔**V**〕

電線路の電力損失は，3線で $3I^2 r$〔**W**〕

図のような三相3線式回路で，電線1線当たりの抵抗 r〔Ω〕，線電流が I〔A〕であるとき，電圧降下 $(V_1 - V_2)$〔V〕を示す式は。

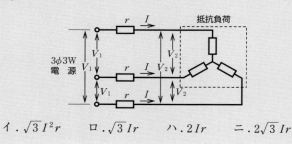

イ．$\sqrt{3}\,I^2 r$ ロ．$\sqrt{3}\,Ir$ ハ．$2Ir$ ニ．$2\sqrt{3}\,Ir$

解答 ロ

解説

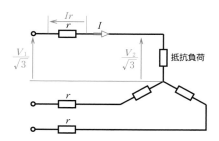

三相3線式回路の電圧降下 $(V_1 - V_2)$〔V〕を示す式は，

$\sqrt{3}\,Ir$〔V〕

参考 図のように，1相の回路で考えると，

$$\frac{V_1}{\sqrt{3}} - \frac{V_2}{\sqrt{3}} = Ir \,〔V〕（電圧降下の公式）$$

両辺を $\sqrt{3}$ 倍すると，$V_1 - V_2 = \sqrt{3}\,Ir$〔V〕

第 **7** 章

配線設計

80 電線の太さと許容電流, 電流減少係数

電線には単線とより線があり, 太さの種類には表 1 のようなものがあります。又, 各電線に安全に流すことができる許容電流が決められています。

ここが ポイント　単線とより線の許容電流は丸暗記！

表 1：600V ビニル絶縁電線の太さと許容電流

単線〔mm〕	1.6 ミリ	2.0 ミリ	2.6 ミリ	3.2 ミリ
許容電流〔A〕	27 A	35 A	48 A	62 A
より線〔mm²〕	2 スケア	3.5 スケア	5.5 スケア	8 スケア
許容電流〔A〕	27 A	37 A	49 A	61 A

《許容電流の覚え方の例》
27 な, 35 ご, 48 や, 62 に, 27 な, 37 な, 49 か, 61 い

VV ケーブルならびに IV 線を同一管内に収める場合は, 発熱による温度上昇を許容温度以下にするため, 電流減少係数を乗じて許容電流を求めます（表 2）。

表 2：電流減少係数

同一管内の電線数	電流減少係数
3 本以下	0.7
4 本	0.63
5〜6 本	0.56
7〜15 本	0.49

ここがポイント　許容電流は，電流減少係数をかける

1.6mm の電線 3 本を同一電線管に収めたときの許容電流は，
27A × 0.7 ＝ 18.9 → 19A

（表1の値）×（表2の値）　　（小数点以下1位を7捨8入）

例題
H24上・問6，H12午前・問7

　合成樹脂製可とう電線管（PF 管）による低圧屋内配線工事で，管内に断面積 5.5mm² の 600V ビニル絶縁電線（銅導体）3 本を収めて施設した場合，電線 1 本当たりの許容電流〔A〕は。

　ただし，周囲温度は 30℃ 以下，電流減少係数は 0.70 とする。

イ．26
ロ．34
ハ．42
ニ．49

解答 ロ

解説

① 断面積 5.5mm² の 600V ビニル絶縁電線の許容電流は，49A，3 本を電線管に収めた場合の電流減少係数が 0.7 より，

　　許容電流＝ 49 × 0.7 ＝ 34.3A

② 小数点以下 1 位を 7 捨 8 入して，34A となります。

81 コードの許容電流

家電製品などに用いられる，コード（ビニルコードやゴムコード）には 0.75，1.25，2mm² があり，許容電流が決められています。

ここがポイント　コードの許容電流は丸暗記！

0.75 スケアは 7A，1.25 スケアは 12A，2 スケアは 17A
（5A 間隔）

◆ 例題
H18・問12, H12午後・問15

許容電流から判断して，公称断面積 0.75mm² のゴムコードを使用できる最も消費電力の大きな電熱器具（100V）は。

イ．150W の電気はんだごて

ロ．600W の電気がま

ハ．1500W の電気湯沸器

ニ．2000W の電気乾燥器

解答 ロ

解説 公称断面積 0.75mm² のコードの許容電流は，7A です。各電熱器具の電流は，電力 W を電圧 100V で割って，イ．1.5A，ロ．6A，ハ．15A，ニ．20A となります。7A 以下で最も消費電力の大きな電熱器具は，ロ．600W の電気がまです。

過電流遮断器には，ヒューズと配線用遮断器があります。

ヒューズは，過電流による発熱で溶断し，電路を遮断するもの
で，次の性能を満たすことが決められています。

**ここが
ポイント　ヒューズに必要な性能**

- 定格電流の 1.1 倍の電流に耐えること

- 定格電流が 30A 以下のヒューズの場合，1.6 倍の電流で
  60 分，2 倍の電流で 2 分以内に溶断すること

- 定格電流が 30A を超え 60A 以下のヒューズの場合，1.6
  倍の電流で 60 分，2 倍の電流で 4 分以内に溶断すること

低圧電路に使用する配線用遮断器は，次の性能を満たすことが
決められています。

**ここが
ポイント　配線用遮断器に必要な性能**

- 定格電流の 1 倍の電流で自動的に動作しないこと

- 定格電流が 30A 以下の配線用遮断器の場合，1.25 倍の電
  流で 60 分，2 倍の電流で 2 分以内に動作すること

- 定格電流が 30A を超え 50A 以下の配線用遮断器の場合，
  1.25 倍の電流で 60 分，2 倍の電流で 4 分以内に動作する
  こと

7
章

配線設計

213

例題 H24下・問12, H23上・問9, H20・問10

低圧電路に使用する定格電流 20A の配線用遮断器に 40A の電流が継続して流れたとき，この配線用遮断器が自動的に動作しなければならない時間〔分〕の限度（最大の時間）は。

　イ．1
　ロ．2
　ハ．3
　ニ．4

解答 □

解説 定格電流 20A の配線用遮断器に $\dfrac{40}{20} = 2$ 倍の電流が流れたとき，自動的に動作しなければならない時間〔分〕の限度（最大の時間）は，2 分です。

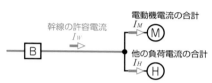

図1：I_W を求める

電線の許容電流は，電気使用機械器具の定格電流の合計値以上であることが決められています。電動機等の起動電流が大きい電気機械器具の定格電流の合計 I_M〔A〕が，他の電気使用機械器具の定格電流の合計 I_H〔A〕より大きい場合は，次のようにします。

ここがポイント **電動機負荷があるときの幹線の許容電流 I_W の求め方**

- $I_M \leqq 50\,\mathrm{A}$ のとき，I_M を 1.25 倍して I_H を加える。

- $I_M > 50\,\mathrm{A}$ のとき，I_M を 1.1 倍して I_H を加える。

- $I_M \leqq I_H$ のとき，I_M と I_H を加える。

例題

図のように，三相の電動機と電熱器が低圧屋内幹線に接続されている場合，幹線の太さを決める根拠となる電流の最小値〔A〕は。

ただし，需要率は100%とする。

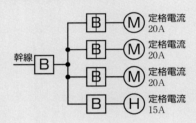

イ．75

ロ．81

ハ．90

ニ．195

解答 □

解説 電動機の定格電流の合計 I_M〔A〕は，

$I_M = 20 \times 3 = 60\,\text{A}$（20Aの電動機が3台）

電熱器の定格電流の合計 I_H〔A〕は，

$I_M = 15 \times 1 = 15\,\text{A}$（15Aの電熱器が1台）

I_M が50Aを超えており，かつ $I_M > I_H$ より，幹線の太さを決める根拠となる電流の最小値 I_W〔A〕は，次式となります。

$I_W = 1.1 I_M + I_H$

（電動機の定格電流の合計の1.1倍に他の負荷の定格電流の合計を加える）

$= 1.1 \times 60 + 15 = 81\,\text{A}$

🅑はモータブレーカ（電動機保護用配線用遮断器）

84 幹線の過電流遮断器の定格電流

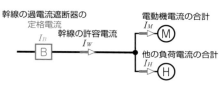

図2：I_B を求める

　低圧幹線を保護する過電流遮断器の定格電流 I_B〔A〕は，幹線の許容電流 I_W〔A〕以下とします。

　電動機等が接続される場合は，次のようにします。

ここが ポイント　幹線の過電流遮断器の 定格電流 I_B の求め方

I_M を 3 倍して I_H を加える 〕　いずれか
I_W の 2.5 倍　　　　　　　　　〕　小さい値以下とする。

例題　　　　　　　　H20・問9, H18・問9, H15・問11, H14午前・問10

　図のような電熱器Ⓗ 1 台と電動機Ⓜ 2 台が接続された単相 2 線式の低圧屋内幹線がある。この幹線の太さを決定する根拠となる電流 I_W〔A〕と幹線に施設しなければならない過電流遮断器の定格電流を決定する根拠となる電流 I_B〔A〕の組合せとして，**適切なものは**。

　ただし，需要率は 100% とする。

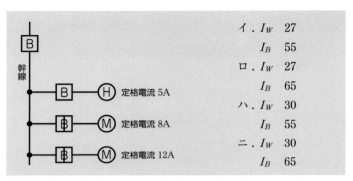

イ．I_W　27
　　I_B　55

ロ．I_W　27
　　I_B　65

ハ．I_W　30
　　I_B　55

ニ．I_W　30
　　I_B　65

解答 ニ

解説

① 電動機電流の合計は，$I_M = 8 + 12 = 20$A

② 電熱器の電流は，$I_H = 5$A

③ 幹線の太さを決める根拠となる電流の最小値 I_W〔A〕を求めます。

　$I_M > I_H$，$I_M \leqq 50$ のとき，I_W は次式となります。

$$I_W = 1.25\,I_M + I_H$$
$$= 1.25 \times 20 + 5 = 30\text{A}$$

電動機電流の**1.25**倍
＋他の負荷電流

④ 過電流遮断器の定格電流を決定する根拠となる電流 I_B〔A〕は，

$$I_B \leqq 3\,I_M + I_H$$
$$= 3 \times 20 + 5 = 65\text{A}$$

電動機電流の**3**倍
＋他の負荷電流

$$I_B \leqq 2.5\,I_W = 2.5 \times 30 = 75\text{A}$$

幹線の許容電流を**30A** として，これを**2.5**倍した値

⑤ 65A と 75A の小さい方の値を採用するので，65A となります。

🄱 はモータブレーカ（電動機保護用配線用遮断器）

分岐回路には，過電流遮断器及び開閉器（開閉器を兼ねた過電流遮断器を用いることが多い）を施設します。

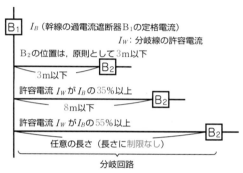

図3：分岐回路の過電流遮断器の施設位置

ここがポイント　過電流遮断器及び開閉器 B₂ の施設位置

- 分岐点から電線の長さが 3m 以下の箇所
- 許容電流 I_W が I_B の 35% 以上のとき，8m 以下
- 許容電流 I_W が I_B の 55% 以上のとき，長さに制限なし

例題

図のように定格電流 150A の過電流遮断器で保護された低圧屋内幹線から太さ $5.5mm^2$ の VVF ケーブル（許容電流 34A）で低圧屋内電路を分岐する場合，a-b 間の長さの最大値〔m〕は。

ただし，低圧屋内幹線に接続される負荷は，電灯負荷とする。

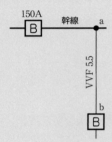

イ．3

ロ．4

ハ．8

ニ．制限なし

解答 イ

解説 許容電流 34A は，$I_B = 150$A の何パーセントかを計算します。

$$\frac{34}{150} \times 100 \fallingdotseq 23\%$$

これは 35% 未満なので，a-b 間の長さは **3m 以下**となります。

参考 $I_B = 100$A と仮定したとき，34A は，$\frac{34}{100} = 0.34$（34%）で，35% 未満であることから，$I_B = 150$A においても 35% 未満です。

したがって，a-b 間の長さは，許容電流に制限のない 3m 以下となります。

86 分岐回路と電線の太さ，コンセント施設

分岐回路には次の種類があり，電線の太さ，接続できるコンセントが決められています。

ここがポイント

分岐回路，電線の太さ，コンセントの組合せ

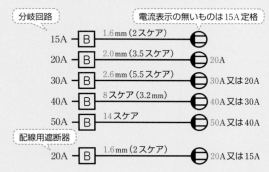

※電線の太さ：2.0mm から 14 スケアまでの電線の許容電流は，20A～50A まで，太さの順に 10A 間隔で覚える。2.0mm（20A），2.6mm（30A），8 スケア（40A），14 スケア（50A）

※ 20A 配線用遮断器分岐回路は，1.6mm の電線を使用することが可能。

例題

H23下・問10, H22・問8, H17・問10

定格電流 30A の配線用遮断器で保護される分岐回路の電線（軟銅線）の太さと，接続できるコンセントの記号の組合せとして，適切なものは。

イ. 直径 2.0mm 30A

ロ. 直径 2.6mm $\bigcirc_2$

ハ. 断面積 5.5mm^2 $\bigcirc^{20A}_2$

ニ. 断面積 8mm^2 $\bigcirc_2$

解答 ハ

解説 ⑧ 30A に接続できるコンセントは 30A 又は 20A より，イ又は ハを選択します。次に，許容電流 30A 以上の電線は 5.5mm^2 から，正解はハとなります。

参考 分岐回路の配線に用いる電線は，過電流遮断器の定格電流以上の許容電流が必要です。各電線は何アンペア用で用いられるかを覚えておきましょう。

電流表示の無いコンセントの定格電流は，15A です。

表：分岐回路に用いる電線

分岐回路の種類	最小電線太さ（と同等の電線）	許容電流の計算
15A	1.6mm（と2mm^2） は15A用	27 × 0.7 → 19
20A	2.0mm（と3.5mm^2）は20A用	35 × 0.7 → 24
30A	2.6mm（と5.5mm^2）は30A用	48 × 0.7 → 33
40A	8mm^2（と3.2mm） は40A用	61 × 0.7 → 42
50A	14mm^2 は50A用	88 × 0.7 → 61

注）許容電流の小さい方で規定されるので mm と mm^2 が混在しています。
　　20A 配線用遮断器分岐回路は，1.6mm の電線も可です。

索引

● 著者プロフィール

早川 義晴（はやかわ よしはる）
東京電機大学電子工学科卒業。日本電子専門学校電気工学科教員を経て、現在同校講師。
著書：『電気教科書 第二種電気工事士［筆記試験］はじめての人でも受かる！テキスト＆問題集』、『電気教科書 第一種電気工事士［筆記試験］テキスト＆問題集』（翔泳社）など多数。

鬼島 信治（きじま しんじ）
東京電機大学機械工学科卒業。日本電子専門学校電気工学科を経て，現在は電気工事技術科勤務。第二種電気工事士及び第一種電気工事士の企業向け受験対策指導や、第一種電気工事士技能試験対策 DVD 教材の制作にも携わる。

装丁　植竹 裕（UeDESIGN）
イラスト　カワチ・レン
DTP　株式会社シンクス

電気教科書
第二種電気工事士　出るとこだけ！
筆記試験の要点整理　第2版

2012 年 12 月 13 日　初　版　第 1 刷発行
2020 年 7 月 22 日　第 2 版　第 1 刷発行
2023 年 4 月 5 日　第 2 版　第 3 刷発行

著　者　　　　早川 義晴・鬼島信治
発行人　　　　佐々木 幹夫
発行所　　　　株式会社 翔泳社（https://www.shoeisha.co.jp）
印刷・製本　　日経印刷株式会社

ISBN978-4-7981-6634-6　　　　　　　　　　　　Printed in Japan